职业教育·通用课程教材

电子技术基础

胡经纬 主 编
张百乐 李 桃 卢泽泉 副主编
王 珂 主 审

人民交通出版社股份有限公司
北 京

内 容 提 要

本书为职业教育通用课程教材,全书介绍了电子技术的基础知识和基本技能。本书采用项目化的课程模式进行内容编写,全书共八个项目,包括二极管及其应用、三极管及常用放大电路、集成运算放大电路、高频信号的观测与处理、直流稳压电源的测试与应用、组合逻辑电路、时序逻辑电路、D/A 转换器与 A/D 转换器。

本书从企业岗位需求出发,以工作任务为教学主线,知识讲授以适用为主,兼具实用性与针对性,紧密结合生产和生活中的实际问题开展编写。

本书为职业教育电子类或机电类专业教材,可作为从业人员培训教材,也可作为相关行业人员参考书籍。

本书配有课件、配套视频、课后习题答案等丰富教材资源,任课教师可以加入"职教轨道教学研讨一群"(QQ 群号 129327355)获取课件。

图书在版编目(CIP)数据

电子技术基础 / 胡经纬主编. — 北京:人民交通出版社股份有限公司,2024.1
ISBN 978-7-114-18937-1

Ⅰ.①电… Ⅱ.①胡… Ⅲ.①电子技术—高等职业教育—教材 Ⅳ.①TN

中国国家版本馆 CIP 数据核字(2023)第 152567 号

Dianzi Jishu Jichu
书　　名:**电子技术基础**
著 作 者:胡经纬
责任编辑:杨　思
责任校对:赵媛媛　卢　弦
责任印制:张　凯
出版发行:人民交通出版社股份有限公司
地　　址:(100011)北京市朝阳区安定门外外馆斜街 3 号
网　　址:http://www.ccpcl.com.cn
销售电话:(010)59757973
总 经 销:人民交通出版社股份有限公司发行部
经　　销:各地新华书店
印　　刷:北京虎彩文化传播有限公司
开　　本:880×1230　1/16
印　　张:15.75
字　　数:386 千
版　　次:2024 年 1 月　第 1 版
印　　次:2024 年 1 月　第 1 次印刷
书　　号:ISBN 978-7-114-18937-1
定　　价:49.00 元

(有印刷、装订质量问题的图书,由本公司负责调换)

前言 PREFACE

电子技术是根据电子学原理,运用电子元器件设计和制造某种特定功能的电路以解决实际问题的科学。电子技术的广泛应用和快速发展,带来了科学技术日新月异的变化。在我国向第二个百年奋斗目标进军的征程中,电子技术具有广泛的发展前景。

电子类或机电类专业学生,掌握好电子技术,可以获得很多领域的工作机会,就业面广,就业率高;掌握好电子技术,可以在电子类或机电类的相关企业从事电子产品或机电设备的生产、经营、研发和技术管理工作,也可以从事各种电子产品与机电设备的装配、调试、检测、应用及维修技术工作。

本书编写团队根据在职业教育教学改革、校企合作、企业培训实践的基础和经验,编写了这本适用于培养职业教育装备制造大类专业、交通运输大类专业学生的教材。在本书编写过程中,北方华创科技集团股份有限公司、北京京城机电控股有限责任公司等集成电路装备企业和机电设备制造企业给予了大力支持。

本书共八个项目,二十二个工作任务,主要介绍了以下八个方面的知识和技能:

(1)二极管的识别与检测、二极管及特殊二极管的应用,旨在培养识别、检测与应用二极管的能力。

(2)三极管的识别与检测、共射极放大电路的调试、多级放大器的应用,本项目从培养基础的三极管识别与检测能力入手,逐步培养以三极管为基础的共射极放大电路的调试、多级放大器的应用等方面的高阶能力。

(3)集成运算放大器的原理及应用,本项目在培养集成运算放大器通用的理论知识与实践能力基础上,重点对LM386、LM324等典型集成运算放大器的应用进行讲解。

(4)高频信号的观测与处理,本项目对RC桥式信号发生器的制作与测试及检波器的制作与测试进行讲解。

(5)直流稳压电源的测试与应用,本项目包含整流电路的搭建与测试、滤波电路的测试、稳压电路的搭建与测试、稳压集成器的应用四个工作任务。

(6)组合逻辑电路,本项目包含门电路的识别与测试、组合逻辑电路的分析及设计、组合逻辑电路器件的制作三个工作任务。

(7)时序逻辑电路,本项目包含触发器的识别与测试、时序逻辑电路的分析及设计与时序逻辑电路的应用三个工作任务。

(8) D/A 转换器与 A/D 转换器,本项目介绍了 D/A 转换器与 A/D 转换器的制作与应用,重点选取典型的 D/A 转换器 DAC0832 及典型的 A/D 转换器 ADC0809 的制作与应用进行讲解。

本书特色如下:

(1) 从职业教育的特点和要求出发,注重技术的实用性和职业技能的培养。本书在编写中遵循理论够用为度的原则,讲清概念与原理,强化任务实训,突出实用性与针对性。

(2) 采用项目化的课程模式,以电子技术中最常见、最典型的任务为载体,对相关理论展开讲授,在每个项目开始之前通过问题导学的方式激发学生的学习兴趣,通过思维导图的形式梳理每个项目的内容逻辑,通过情境导入的方式引出工作任务,通过"读一读""想一想""学一学""任务实训"等环节,引导学生在做中学、学中做,让学生在掌握理论知识的过程中,完成实践环节的练习,有利于学生全面深刻地掌握知识。

(3) 在每个教学项目结束后,教师可通过教学情况反馈单及时检查学生的学习效果,根据反馈单调查结果,及时调整更改教学设计,推动职业学校"课堂革命",将课程教学改革推向纵深。

(4) 对照电子技术职业技能标准和专业教学标准,融入全国大学生电子设计大赛相关知识,同时对接装备制造大类或交通运输大类机电技术专业发展趋势和市场需求,将行业、企业比较成熟的新技术、新工艺、新规范融入教材。

(5) 编者在编写此书过程中,全面贯彻党的二十大精神,深入挖掘所蕴含的思政教育资源,优化教材思政内容,结合每个任务融入素质目标,体现社会主义核心价值观、工匠精神、职业道德、职业精神等内容,落实立德树人要求。

本书由北京交通运输职业学院胡经纬担任主编;北京神工科技有限公司张百乐、北京交通运输职业学院李桃、北京市地铁运营有限公司机电分公司卢泽泉担任副主编;北京交通运输职业学院王珂担任主审。参加编写的还有吉林交通职业技术学院王彦新,北京交通运输职业学院曲秋莳、蒋志杰、吴晓华,北京市自动化工程学校杨晓洁。具体编写分工如下:胡经纬负责对本书的编写思路与大纲进行总体策划、完成工作任务的选取,并编写项目1,张百乐编写项目2,卢泽泉编写项目3,曲秋莳编写项目4,王彦新编写项目5,李桃编写项目6,吴晓华和杨晓洁编写项目7,蒋志杰编写项目8。

在编写过程中,编写团队认真汲取广大使用教材的教师与行业专家提出的意见和建议,在此谨向他们表示感谢,同时,也向人民交通出版社股份有限公司为教材出版和配套工作所付出的努力表示感谢。

由于编者水平有限,加之时间仓促,书中疏漏之处在所难免,欢迎读者批评指正。

编 者
2023 年 10 月

数字资源索引

数字资源使用说明：

1. 扫描封面二维码，注意每个码只可激活一次；
2. 长按弹出界面的二维码关注"交通教育出版"微信公众号并自动绑定资源；
3. 公众号弹出"购买成功"通知，点击"查看详情"，进入后即可查看资源；
4. 也可进入"交通教育出版"微信公众号，点击下方菜单"用户服务—图书增值"，选择已绑定的教材进行观看。

序号	项目	资源名称
1	项目1	二极管的作用是什么
2		稳压二极管
3	项目2	三极管放大电路基本原理
4		三极管工作原理1
5		三极管工作原理2
6	项目3	运算放大器
7		任务3.2 任务实训
8	项目4	任务4.1 任务实训
9	项目5	桥式整流器
10		任务5.2 任务实训
11		项目5 知识拓展
12	项目6	逻辑与
13		任务6.1 任务实训
14		任务6.2 任务实训
15	项目7	触发器
16		基本RS触发器
17		时序逻辑电路
18	项目8	任务8.1 任务实训
19		模数转换器

目录 CONTENTS

数字资源索引 ····················· I

项目1 / 二极管及其应用 ············· 001

任务1.1　二极管的识别与检测 ········ 002
任务1.2　二极管的应用 ············· 008
任务1.3　特殊二极管的应用 ·········· 013
应知应会要点归纳 ·················· 018
知识拓展 ························· 018
评价反馈 ························· 024

项目2 / 三极管及常用放大电路 ······ 027

任务2.1　三极管的识别与检测 ········ 028
任务2.2　共射极放大电路的调试 ······ 037
任务2.3　多级放大器的应用 ·········· 045
应知应会要点归纳 ·················· 056
知识拓展 ························· 056

评价反馈 ························· 061

项目3 / 集成运算放大电路 ·········· 063

任务3.1　集成功率放大器的原理及
　　　　　应用 ····················· 064
任务3.2　集成运算放大电路的应用 ···· 070
应知应会要点归纳 ·················· 079
知识拓展 ························· 080
评价反馈 ························· 081

项目4 / 高频信号的观测与处理 ······ 083

任务4.1　RC桥式信号发生器的
　　　　　制作与测试 ··············· 084
任务4.2　检波器应用 ··············· 092
应知应会要点归纳 ·················· 097
知识拓展 ························· 097
评价反馈 ························· 099

项目 5 / 直流稳压电源的测试与应用
·········· 101

任务 5.1　整流电路的搭建与测试 ········ 102
任务 5.2　滤波电路的测试 ············ 110
任务 5.3　稳压电路的搭建与测试 ········ 117
任务 5.4　稳压集成器的应用 ··········· 123
应知应会要点归纳 ··················· 128
知识拓展 ························ 128
评价反馈 ························ 129

项目 6 / 组合逻辑电路 ··········· 131

任务 6.1　门电路的识别与测试 ·········· 132
任务 6.2　组合逻辑电路的分析及设计 ···· 150
任务 6.3　组合逻辑电路器件的制作 ······ 156
应知应会要点归纳 ··················· 163
知识拓展 ························ 163
评价反馈 ························ 166

项目 7 / 时序逻辑电路 ··········· 169

任务 7.1　触发器的识别与测试 ·········· 170
任务 7.2　时序逻辑电路的分析及设计 ···· 183
任务 7.3　时序逻辑电路的应用 ·········· 192

应知应会要点归纳 ··················· 206
知识拓展 ························ 206
评价反馈 ························ 209

项目 8 / D/A 转换器与 A/D 转换器
·········· 211

任务 8.1　D/A 转换电路的制作与应用 ··· 212
任务 8.2　A/D 转换电路的制作与应用 ··· 223
应知应会要点归纳 ··················· 233
知识拓展 ························ 233
评价反馈 ························ 235

能力拓展——全国大学生电子设计竞赛试题 ·········· 237

试题一　照度稳定可调 LED 台灯
　　　　【高职高专组】············· 237
试题二　周期信号波形识别及参数测量
　　　　装置【高职高专组】 ··········· 239
试题三　模拟电磁曲射炮
　　　　【高职高专组】············· 241

参考文献 ·········· 244

项目 1 二极管及其应用

 **问题导学**

1. 什么是二极管？其特点是什么？
2. 如何分析二极管结构？用什么符号表示二极管？二极管具有怎样的伏安特性？
3. 如何识别和检测二极管？
4. 如何应用二极管？常见的二极管应用电路有哪些？
5. 常见的特殊二极管有哪些？
6. 为什么采用半导体材料制作电子器件？
7. 空穴是一种载流子吗？空穴导电是电子运动吗？
8. 什么是 N 型半导体？什么是 P 型半导体？当两种半导体制作在一起时会产生什么现象？

 **思维导图**

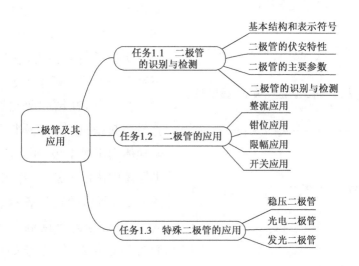

 情境导入

随着我国半导体行业迅猛发展，大量青年入职半导体行业，旨在用自己的实际行动为国家半导体行业做出贡献。小张毕业后，进入某半导体制造有限公司生产车间工作，为了后续能更好地工作，小张在入职后需要掌握二极管的使用知识，那么，什么是二极管？二极管有哪些工作特性？我们应该如何使用二极管？让我们一起来看看下面的内容。

任务1.1 二极管的识别与检测

知识目标

1. 了解二极管的伏安特性；
2. 掌握二极管的基本结构和表示符号。

能力目标

1. 具备识别二极管的种类与型号的能力；
2. 具备描述半导体二极管的主要参数的能力。

素养目标

通过完成二极管的识别与检测任务，养成认真思考、理论联系实际的职业素养，培养自信自强、勇于前行的奋斗精神。

看一看

什么是二极管？其工作特性是怎样的？
请观察演示实验：

(1) 连接好图1.1所示电路，合上开关S，观察灯泡L的状态；
(2) 调整二极管接线方向，合上开关S，观察灯泡L的状态。

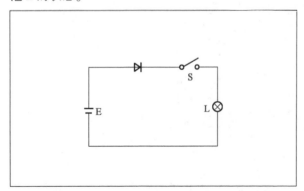

图1.1 演示实验原理图

想一想

上述实验说明什么问题？

连接好图1.1所示电路，合上开关S，灯泡L点亮。调整二极管接线方向后合上开关S，灯泡L不亮。这种实验现象反映了二极管的什么特性？什么是二极管的单向导电性？

学一学

二极管属于哪种类型的元器件？二极管的符号和结构是怎样的？二极管有哪些工作特性和参数？让我们来进行学习。

理论学习1.1.1 基本结构和表示符号

说明：本书中电流、电压的符号使用做如下约定：大小、方向均随时间而变的交流量，用小写字母和小写下标来表示（如u_i、u_o等）；大小、方向均不随时间而变的稳恒直流量，用大写字母和大写下标来表示（如U_{BEQ}、I_{BQ}、I_{CQ}、U_{CEQ}等）；对于由交流量与稳恒直流量合成的复合量，用小写字母和大写下标来表示（如u_{BE}、i_B、i_C、u_{CE}等）。

在一个PN结的两端加上电极引线并用外壳封装起来，就构成了半导体二极管。由P型半导体引出的电极，叫作阳极（或正极）；由N型半导体引出的电极，叫作阴极（或负极），通常由图1.2c)所示的符号表示。按照结构工艺的不同，二极管分为点接触型和面接触型两类。它们的管芯结构和符号如图1.2a)、图1.2b)所示。

点接触型二极管（一般为锗管）的PN结结面积很小（结电容小），工作频率高，适用于高频电路和开关电路；面接触型二极管（一般为硅管）的PN结结面积大（结电容大），工作频率较低，适用于大功率整流电路等低频电路。

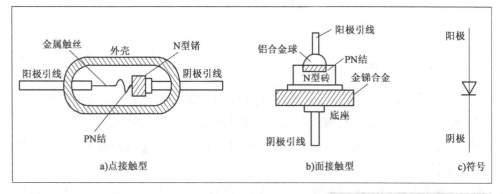

图1.2 半导体二极管的结构和符号

半导体二极管的类型很多,我们用不同的符号来代表它们,例如2AP9,其中"2"表示二极管,"A"表示采用N型锗材料为基片,"P"表示普通用途管(P为汉语拼音字头),"9"为产品性能序号;又如2CZ8,其中"C"表示由N型硅材料作为基片,"Z"表示整流管。

二极管的作用是什么?

理论学习1.1.2 二极管的伏安特性

二极管既然是一个PN结,它必然具有单向导电性。其伏安特性曲线如图1.3所示。所谓伏安特性,就是指加到二极管两端的电压与流过二极管的电流的关系曲线。二极管的伏安特性曲线可分为正向特性和反向特性两部分。

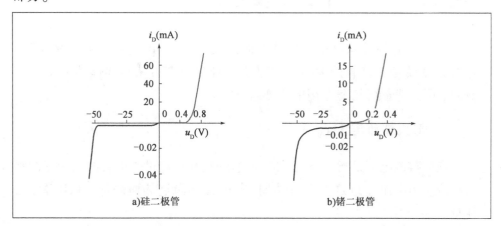

图1.3 二极管的伏安特性曲线

一、正向特性

当二极管加上很低的正向电压时,外电场还不能克服PN结内电场对多数载流子扩散运动所形成的阻力,故正向电流很小,二极管呈现很大的电阻。当正向电压超过一定数值即死区电压后,内电场被大大削弱,电流增长很快,二极管电阻变得很小。死区电压又称阈值电压,硅管的死区电压为0.4~0.5V,锗管的死区电压为 0.1~0.2V。

二极管正向导通时,硅管的压降一般为 0.6~0.7V,锗管的压降则为 0.2~0.3V。

二、反向特性

二极管加上反向电压时,由于少数载流子的漂移运动,因而形成很小的反向电流。反向电流有两个特性:一是其随温度的上升增长速度很快;二是在反向电压不超过某一数值时,反向电流不随反向电压的改变而改变,故这个电流称为反向饱和电流。

当外加反向电压过高时,反向电流将突然增大,二极管失去单向导电性,这种现象称为电击穿。发生电击穿的原因,一种情况是处于强电场中的载流子获得足够大的能量碰撞晶格而将价电子碰撞出来,产生电子空穴对,新产生的载流子在电场的作用下获得足够能量后又通过碰撞产生电子空穴对,如此形成连锁反应,反向电流越来越大,最后使得二极管反向击穿。另一种情况是强电场直接将共价键的价电子拉出来,产生电子空穴对,形成较大的反向电流。二极管被击穿后,一般不能恢复原来的性能。产生击穿时加在二极管上的反向电压称为反向击穿电压 U_{BR}。

有时为了讨论方便,在一定条件下,可以把二极管的伏安特性理想化,即认为二极管的死区电压和导通电压都等于零,同时认为反向饱和电流也为零。这样的二极管称为理想二极管。

理论学习 1.1.3　二极管的主要参数

二极管的特性除可用伏安特性曲线表示外,还可用一些数据来说明,这些数据就是二极管的参数。二极管各种参数都可从半导体器件手册中查出,下面只介绍几个常用的主要参数。

一、最大整流电流 I_V

最大整流电流是指二极管长时间使用时,允许流过二极管的最大正向平均电流。当电流超过这个允许值时,二极管会因过热而烧坏,使用时务必注意。

二、反向峰值电压 U_{RM}

U_{RM} 是保证二极管不被击穿而得出的反向峰值电压,一般是反向击穿电压的 1/2 或 2/3。

三、反向电流 I_R

I_R 是二极管未击穿时的反向电流。I_R 越小,二极管的单向导电性越好,I_R对温度非常敏感。

理论学习1.1.4　二极管的识别与检测

一、二极管的识别

通过识读二极管的型号,可了解管子的材料类型及功能。同时,由外观标识,可得知二极管的阴、阳极,二极管往往会在其外壳上标出色环(或色点),有色环(或色点)的一端为二极管的阴极。

二、二极管的检测

利用万用表电阻挡及二极管挡均可检测二极管的质量优劣。

1. 用万用表电阻挡进行检测

将万用表两个表笔任意测量二极管的两个引脚,读出测量的电阻值;然后将表笔对换,再测量一次,记下第二次电阻值。若两次电阻值相差很大,说明该二极管性能良好;如果两次测量的电阻值都很小,说明二极管已经击穿;如果两次测量的电阻值都很大,说明二极管内部已经断路;如果两次测量的电阻值相差不大,说明二极管失效。

2. 用万用表二极管挡检测

万用表设置了专门的"二极管"挡位。将红、黑表笔分别接二极管的两个引脚,若出现测量值溢出,则调换二极管引脚的测量表笔,交换表笔后再测时应出现二极管压降值。此时,红表笔所接引脚为二极管的正极,通常来说,硅二极管正向压降为0.7V左右,锗二极管正向压降为0.3V左右。

任务实训　识别与检测二极管

班级：_____　姓名：_____　学号：_____　成绩：_____

一、任务描述

学生分为若干组，每组提供二极管 1N4007 和 1N4148 各一只。完成以下工作任务：

(1)二极管识别；

(2)对标识不明的二极管进行检测。

二、任务实施

任务 1：二极管识别

根据二极管的型号，查阅资料得到管子的材料类型与功能，完成表 1.1 的填写。

表 1.1　二极管型号及参数

型号	材料类型	最大整流电路	反向峰值电压
1N4007			
1N4148			

任务 2：二极管检测

将两种二极管外部用不透明胶布遮住并编号，手持数字万用表对两种二极管进行检测，完成表 1.2 的填写。

表 1.2　二极管检测结果

二极管编号	用万用表电阻挡进行检测	用万用表二极管挡进行检测	材料类型	是否良好
1	正向电阻：_____ 反向电阻：_____	正向压降：_____		
2	正向电阻：_____ 反向电阻：_____	正向压降：_____		

三、任务评价

根据任务完成情况,完成表1.3任务评价单的填写。

表1.3　任务评价单

【自我评价】
总结与反思:
实训人签字:
【小组互评】
该成员表现:
组长签字:
【教师评价】
该成员表现:
教师签字:

【实训注意事项】

(1)用万用表欧姆挡检测二极管时,若欧姆挡倍率选择得较小,则容易发生数值溢出现象,此时可增大欧姆挡倍率。

(2)测量时,注意绝缘防护,以免因人体电阻的介入而影响测量的准确性。

任务1.2 二极管的应用

知识目标

1. 掌握二极管的整流应用方法;
2. 了解二极管的钳位应用方法、限幅应用方法和开关应用方法。

能力目标

1. 会搭接二极管整流桥的应用电路,并完成电路测试;
2. 会搭接二极管钳位应用、限幅应用和开关应用电路。

素养目标

完成搭建与测试整流电路任务,养成严谨细致的职业素养。

看一看

什么是整流电路?它的作用是什么?

请观察演示实验:

(1)连接好图1.4所示的单相整流电路实验原理图;

(2)调整函数发生器,输出100Hz、10V(峰值)的正弦信号,使用示波器观察 u_i 的波形。

(3)使用示波器观察 u_o 的波形。

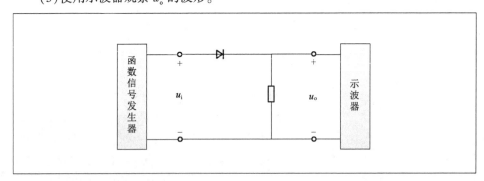

图1.4 单相整流电路实验原理图

想一想

当使用示波器观察上述实验现象时,我们可以发现 u_i 频率为100Hz、峰值为10V 的正弦交流信号和 u_o 为半周输出、峰值为10V 的脉动直流波形。该电路实现了哪些功能?二极管如何实现整流应用?

学一学

二极管的应用范围很广,主要是利用它的单向导电性。它可用于钳位、限幅、整流、开关、稳压、元件保护等,也可在脉冲与数字电路中作为开关元件等。

在进行电路分析时,一般可将二极管视为理想元件,即认为其正向电阻为零,正向导通时为短路特性,正向压降忽略不计;反向电阻为无穷大,反向截止时为开路特性,反向漏电流忽略不计。

理论学习1.2.1　整流应用

利用二极管的单向导电性,可以把大小和方向都变化的正弦交流电变为单向脉动的交流电,如图1.5所示。这种方法简单、经济,在日常生活及电子电路中经常采用。根据这一原理,还可以构成整流效果更好的单相全波、单相桥式等整流电路。

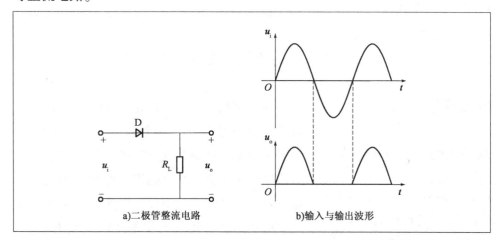

a)二极管整流电路　　b)输入与输出波形

图1.5　二极管的整流应用

理论学习1.2.2　钳位应用

二极管单向导电性在电路中可以起到钳位的作用。

【随堂练习1.1】　在如图1.6所示的电路中,已知输入端A的电势为$U_A = 3V$,B的电势$U_B = 0V$,通过电阻R连接$-12V$电源,求输出端F的电势U_F。

解:因为$U_A > U_B$,所以二极管D_1优先导通,设二极管为理想元件,则输出端F的电势为$U_F = U_A = 3V$。当D_1导通后,D_2上加的是反向电压,因而D_2截止。

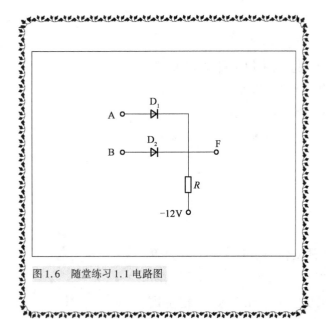

图1.6 随堂练习1.1电路图

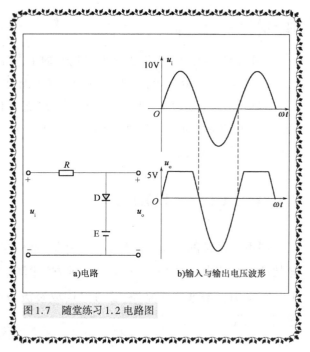

图1.7 随堂练习1.2电路图

在这里,二极管 D_1 起钳位作用,把 F 端的电势钳位在3V;D_2 起隔离作用,把输入端 B 和输出端 F 隔离开来。

理论学习1.2.3 限幅应用

利用二极管的单向导电性,将输入电压限定在要求的范围之内叫作限幅。

【**随堂练习1.2**】 在如图1.7a)所示的电路中,已知输入电压 $u_i = 10\sin\omega t\text{V}$,电源电动势 $E = 5\text{V}$,二极管为理想元件,试画出输出电压 u_o 的波形。

解:根据二极管的单向导电特性可知,当 $u_i \leq 5\text{V}$ 时,二极管 D 截止,相当于开路,因电阻 R 中无电流流过,故输出电压与输入电压相等,即 $u_o = u_i$;当 $u_i > 5\text{V}$ 时,二极管 D 导通,相当于短路,故输出电压等于电源电动势,即 $u_o = E = 5\text{V}$。所以,在输出电压 u_o 的波形中,5V 以上的波形均被削去,输出电压被限制在 5V 以内,波形如图1.7b)所示。在这里,二极管起限幅作用。

理论学习1.2.4 开关应用

在数字电路中,经常将半导体二极管作为开关元件使用,因为二极管具有单向导电性,相当于一个受外加偏置电压控制的无触点开关。

图1.8 为监测发电机组工作的某种仪表的部分电路。其中 u_s 是需要定期通过二极管 D 加入记忆电路的信号,u_i 为控制信号。当控制信号 $u_i = 10\text{V}$ 时,D 的负极电势被抬高,二极管截止,相当处于"开关断开",u_s 不能通过 D 获取记忆信号;当 $u_i = 0\text{V}$ 时,D 正偏导通,u_s 可以通过 D 加入记忆电路,此时二极管相当处于"开关闭合"情况。这样,二极管 D 就在信号 u_i 的控制下,实现了接通或者关断 u_s 信号的作用。

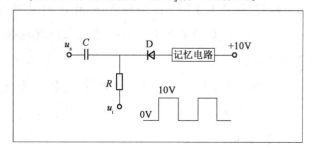

图1.8 二极管的开关应用

任务实训 整流桥应用电路测试

班级：_____ 姓名：_____ 学号：_____ 成绩：_____

一、任务描述

学生分为若干组，每组提供二极管 1N4007 四只，函数信号发生器一台，示波器一台，10uF 电解电容一只，100Ω/5W 电阻一只。完成以下工作任务：

(1) 搭接整流桥应用电路；

(2) 使用万用表测试整流电路输入电压和输出电压波形。

二、任务实施

任务 1：整流桥应用电路的搭接

依图 1.9 搭接整流桥应用电路。

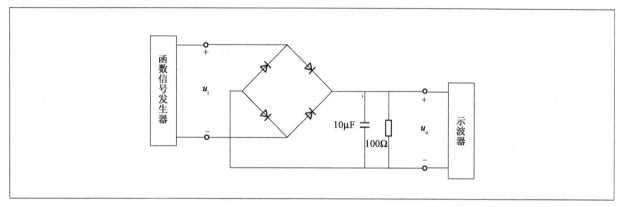

图 1.9 整流桥应用电路

任务 2：输入电压和输出电压波形的测试

调节函数信号发生器，输出 50Hz、10V（峰值）的正弦信号。应用示波器观察 u_i 和 u_o 的波形，并在图 1.10 中定性画出。

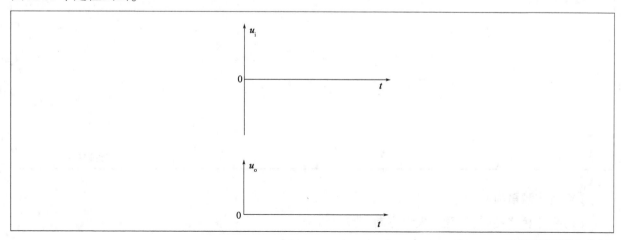

图 1.10 u_i 和 u_o 的波形

用万用表交流电压挡测量 u_i 的有效值 U_i，用万用表的直流电压挡测量 u_o 的平均值 U_o，记录数据如下：

$U_i = $ _____ ; $U_o = $ _____ 。

计算两者之间的数值关系。

三、任务评价

根据任务完成情况，完成表 1.4 任务评价单的填写。

表 1.4　任务评价单

【自我评价】 　　总结与反思：   　　　　　　　　　　　　　　　　　　　　　　　　　　　　　　　　　实训人签字：
【小组互评】 　　该成员表现：   　　　　　　　　　　　　　　　　　　　　　　　　　　　　　　　　　组长签字：
【教师评价】 　　该成员表现：   　　　　　　　　　　　　　　　　　　　　　　　　　　　　　　　　　教师签字：

【实训注意事项】

(1) 整流桥搭接时，注意二极管方向，避免反接。

(2) 注意完成电路搭接后要先进行线路查验，再进行测试。

任务1.3 特殊二极管的应用

知识目标

1. 了解稳压二极管的特性及应用方法；
2. 了解光电二极管、发光二极管的应用方法。

能力目标

1. 通过示波器观察稳压二极管电路的输出电压；
2. 会搭接稳压二极管的应用电路，并完成电路测试；
3. 会搭接光电二极管、发光二极管的应用电路。

素养目标

根据普通二极管与特殊二极管的应用比较，培养善于思考的科学素养。

看一看

什么是稳压二极管？它的作用是什么？
请观察演示实验：

(1)连接好图1.11所示稳压二极管电路实验原理图。

(2)使用电源对电路输入端供给10V的直流电源，使用示波器观察 u_o 的幅值的大小。

(3)小幅度更改 R 及 R_L 的电阻值，使用示波器观察 u_o 的幅值的大小。

想一想

当使用示波器观察上述实验现象时，我们可以发现 u_o 的输出电压为6V的直流输出信号，u_o 为10V的直流波形，更改 R 及 R_L 的电阻值后，u_o 依然为10V的直流波形。该电路实现了哪些功能？稳压二极管如何实现稳压应用？

学一学

除了上述普通二极管外，还有一些特殊二极管，如稳压二极管、光电二极管和发光二极管等，下面对三种二极管的工作原理进行介绍。

理论学习1.3.1 稳压二极管

稳压二极管是一种特殊的硅二极管，它能在电路中能起稳定电压的作用，故称为稳压二极管。稳压二极管的伏安特性曲线与普通二极管的类似，如图1.12a)所示，其差异是稳压管的反向特性曲线比较陡。如图1.12b)所示为稳压二极管的符号。稳压二极管正常工作于反向击穿区，且在外加反向电压撤除后，稳压二极管又恢复正常，即它的反向击穿是可逆的。

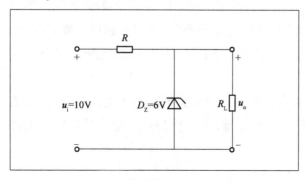

图1.11 稳压二极管电路实验原理图

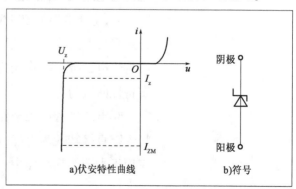

图1.12 稳压二极管的伏安特性曲线与符号

从反向特性曲线上可以看出,当稳压二极管工作于反向击穿区时,电流虽然在很大范围内变化,但稳压二极管两端的电压变化很小,即它能起稳压的作用。如果稳压二极管的反向电流超过允许值,则它将会因过热而损坏。所以,与稳压二极管配合的电阻要适当,才能起稳压作用。

稳压二极管的主要参数如下:

①稳定电压 U_z。U_z 指稳压二极管的稳压值。由于制造工艺方面和其他的原因,稳压值也有一定的分散性,同一型号的稳压二极管稳压值可能略有不同。手册给出的都是在一定条件(工作电流、温度)下的数值,例如,2CW18 稳压二极管的稳压值为 10~12V。

稳压二极管

②稳定电流 I_z。I_z 指稳压二极管工作电压等于稳定电压 U_z 时的工作电流。稳压二极管的稳定电流只是一个可作为依据的参考数值,设计选用时要根据具体情况(例如工作电流的变化范围)来考虑。但对每一种型号的稳压二极管都规定有一个最大稳定电流 I_{ZM}。

③动态电阻 r_z。r_z 指稳压二极管两端电压的变化量与相应电流变化量的比值,即

$$r_z = \frac{\Delta U_z}{\Delta I_z}$$

稳压二极管的反向伏安特性曲线越陡,则动态电阻越小,稳压性能越好。

④最大允许耗散功率 P_{zw}。P_{zw} 指稳压二极管不致发生热击穿的最大功率损耗,即

$$P_{zw} = U_z \cdot I_{zm}$$

稳压二极管在电路中的主要作用是稳压和限幅,也可和其他电路配合构成欠压或过压保护、报警环节等。

理论学习 1.3.2　光电二极管

光电二极管也是一种特殊二极管。它的特点是:当没有光照射时,PN 结流过的电流很小;当光线照射在 PN 结上时,就会在 PN 结及其附近产生电子空穴对,电子和空穴在 PN 结的内电场作用下做定向运动,形成光电流。如果光照强度发生改变,电子空穴对的浓度也相应改变,光电流强度也随之改变。可见光电二极管能将光信号转变为电信号输出。图 1.13 为光电二极管的伏安特性曲线与符号。

光电二极管可用来作为光控元件。当制成大面积的光电二极管时,其能将光能直接转换为电能,可作为一种能源,因而称为光电池。目前其正大量应用于太阳能热水器中。

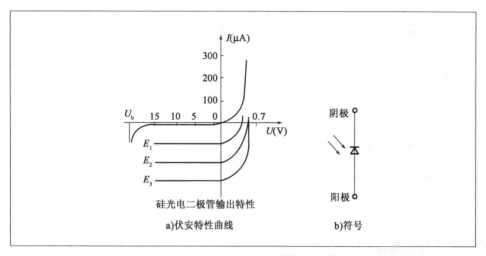

图1.13 光电二极管的伏安特性曲线与符号

理论学习1.3.3 发光二极管

发光二极管简写为LED,其工作原理与光电二极管相反。它采用砷化镓、磷化镓、碳化硅、氮化镓等半导体材料制成,所以在通过正向电流时,由于电子与空穴的直接复合因而会发出各色光束。如图1.14所示为发光二极管的符号及其正向导通发光时的工作电路。

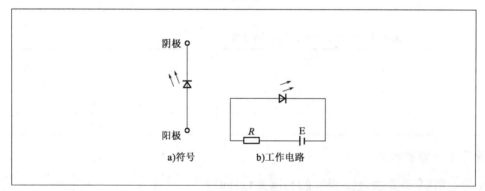

图1.14 发光二极管的符号及其正向导通发光时的工作电路

当发光二极管正向偏置时,其发光亮度随注入的电流的增大而提高。为限制其工作电流,通常都要串接限流电阻R。由于发光二极管的工作电压低(1.5~3V)、工作电流小(5~10mA),所以将发光二极管作为显示器件具有体积小、显示快和寿命长等优点。

任务实训 搭建并测试发光二极管应用电路

班级：_____ 姓名：_____ 学号：_____ 成绩：_____

一、任务描述

(1)学生分为若干组,搭接发光二极管应用电路；
(2)完成发光二极管应用电路的测试。

二、任务实施

任务1：发光二极管应用电路的搭接

依图1.15及表1.5搭接发光二极管应用电路。

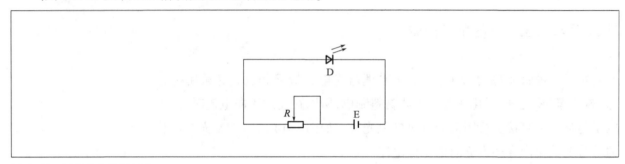

图1.15 发光二极管应用电路

表1.5 发光二极管应用电路参数

名称	符号	参数
直流电源	E	12V
发光二极管	D	额定电流10mA
可变电阻	R	1.2~10kΩ

任务2：发光二极管应用电路的测试

调节滑动变阻器 R 的电阻值,观察发光二极管的亮度变化,同时完成表1.6。

表1.6 发光二极管应用电路测试实验现象及原因

实验现象	
现象原因分析	

三、任务评价

根据任务完成情况,完成任务表1.7任务评价单的填写。

表1.7 任务评价单

【自我评价】 　　总结与反思: 　　　　　　　　　　　　　　　　　　　　　　　　　　　　　　　　　　　　实训人签字:
【小组互评】 　　该成员表现: 　　　　　　　　　　　　　　　　　　　　　　　　　　　　　　　　　　　　组长签字:
【教师评价】 　　该成员表现: 　　　　　　　　　　　　　　　　　　　　　　　　　　　　　　　　　　　　教师签字:

【实训注意事项】

搭建实验电路后,要先检查电路搭接情况再进行上电。

应知应会要点归纳

现将各部分归纳如下。

二极管的识别与检测	在一个PN结的两端加上电极引线并用外壳封装起来,就构成了半导体二极管。由P型半导体端引出的电极,叫作阳极(或正极);由N型半导体端引出的电极,叫作阴极(或负极)。当二极管加上很低的正向电压时,正向电流很小,二极管呈现很大的电阻。当二极管正向电压超过一定数值后,二极管电阻变小,正向电流增长变快。二极管加上反向电压时,二极管会形成很小的反向电流。二极管往往会在其外壳上标出色环(或色点),有色环(或色点)的一端为二极管的阴极,二极管可以通过万用表电阻挡或二极管挡判断其好坏
二极管的应用	利用二极管的单向导电性,可以把大小和方向都变化的正弦交流电变为单向脉动的交流电;利用二极管单向导电性,在电路中可以起到钳位电压的作用;利用二极管的单向导电性,亦可将输入电压限定在要求的范围之内,二极管也可发挥开关的作用
特殊二极管的应用	稳压二极管是一种特殊的硅二极管,由于它在电路中可以对电压起稳定作用,故称为稳压二极管。稳压二极管通常工作于反向击穿区,电流虽然在很大范围内变化,但稳压二极管两端的电压变化很小,即它能起稳压的作用。如果稳压二极管的反向电流超过允许值,则它将会因过热而损坏。 光电二极管也是一种特殊二极管。它的特点是:当没有光照射时,PN结流过的电流很小;当光线照射在PN结上时,就会在PN结及其附近产生电子空穴对,电子和空穴在PN结的内电场作用下做定向运动,形成光电流。 发光二极管简写为LED,其工作原理与光电二极管相反。它采用砷化镓、磷化镓、碳化硅、氮化镓等半导体材料制成,所以在通过正向电流时,由于电子与空穴的直接复合因而会发出各色光来

知识拓展

一、半导体基本知识

1. 什么是半导体

物质存在的形式多种多样,如固体、液体、气体、等离子体等。我们通常把导电性差的材料,如金刚石、人工晶体、琥珀、陶瓷等,称为绝缘体,其电阻率为 $10^{10} \sim 10^{12} \Omega \cdot cm$。而把导电性比较好的金属,如金、银、铜、铁、锡、铝等材料,称为导体,其电阻率为 $10^{-6} \sim 10^{-4} \Omega \cdot cm$。还有一些物质如硅、锗及有些化合物等,它们的导电能力介于导体和绝缘体之间,称为半导体,其电阻率为 $10^{-3} \sim 10^9 \Omega \cdot cm$。通常来说,常用的半导体材料有硅(Si)、锗(Ge)和砷化镓(GaAs)等。

2. 半导体的特点

科学家们通过实验研究发现,半导体材料具有一些独特的导电特性。

(1)热敏特性。

所谓热敏特性是指半导体的电阻率随温度升高而显著减小的特性,即随着温度升高其导电能力大大加强。温度对半导体材料的导电性能影响很大,例如纯锗,当温度从20℃升高到30℃时,其电阻率约降低一半,也就是导电能力增加一倍。硅在200℃时的导电能力要比室温时增强几百甚至几千倍。利用半导体的热敏特性，可以制造自动控制中常用的热敏电阻及其他热敏元器件，用于检测温度的变化。当然，这种特性对半导体器件的其他工作性能也有许多不利的影响，在应用中必须加以克服。

（2）光敏特性。

有的半导体材料在无光照时电阻率很高，而一旦受到光线照射后电阻率显著下降。例如硫化镉材料在一般灯光照射下，它的电阻率是无灯光照射时电阻率的几十分之一或几百分之一。利用这种特性可以制成光敏元器件，如光敏电阻、光敏二极管等，从而实现对路灯、航标灯的自动控制，或制成火灾报警装置、光控开关等。

（3）掺杂特性。

在纯净的半导体材料中掺入某种微量的元素（如硼和磷等）后，其导电能力将猛增几万倍甚至百万倍。这是半导体最显著、最突出的特性。例如在纯硅中掺入 $1/10^6$ 的硼，即可使其电阻率从 $0.214\times10^6\Omega\cdot cm$ 下降到 $0.40\Omega\cdot cm$，其导电能力增强 10^6 倍。掺入的微量元素称为"杂质"。利用掺杂的方法，能制造出各种不同性能、不同用途的半导体器件。

3. 本征半导体的导电特性

本征半导体就是纯净（不含杂质）而且具有完整晶体结构的半导体，它在物理结构上呈单晶体形态。

典型的半导体有硅（Si）和锗（Ge），硅和锗是四价元素，在原子最外层轨道上的四个电子称为价电子。硅和锗的物理性质、化学性质主要由这四个价电子决定。

在实际问题中，为了突出价电子的作用和便于讨论，通常把原子核和内层电子看作一个整体，称为惯性核。它的静电量为四个电子电量。于是就可以得到原子的简化模型，如图1.16所示。

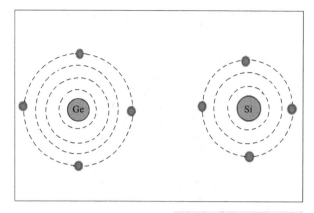

图1.16 简化原子结构模型

以硅原子为例，硅原子的每个价电子分别与相邻硅原子的一个价电子组成一个价电子对，这个价电子对为相邻两个原子所共有。共价键中的价电子为这些原子所共有，并为它们所束缚，在空间形成排列有序的晶体。价电子对中的每一个价电子，一方面围绕原来的原子核运动，同时又围绕相邻原子核转动，它们同时受到两个原子核的吸引作用。我们把这种对共有价电子所形成的束缚作用叫作共价键，如图1.17所示。

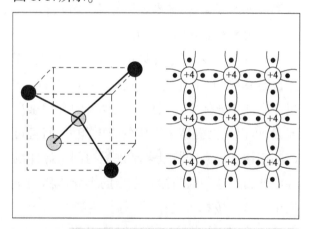

图1.17 硅原子空间排列及共价键结构平面示意图

自由电子产生的同时，在其原来的共价键中就出现了一个空位，人们常称呈现正电性的这个空位为空穴。在本征半导体中，受激发产生一个自由电子，必然相伴产生一个空穴，自由电子和空穴是成对出现的，这种现象称为本征激发。可见，因热激发而出现的自由电子和空穴是同时成对出现的，称为电子空穴对。游离的部分自由电子也可能回到空穴中去，称为复合,如图 1.18 所示。本征激发和复合在一定温度下会达到动态平衡。

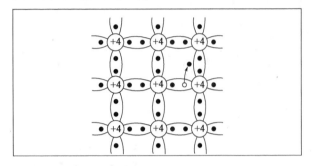

图 1.18 自由电子—空穴对的产生

自由电子的定向运动形成了电子电流,空穴的定向运动也可形成空穴电流,它们的方向相反,空穴的运动是靠相邻共价键中的价电子依次充填空穴来实现的。

本征半导体中电流由两部分组成:自由电子移动产生的电流和空穴移动产生的电流。本征半导体的导电能力取决于载流子的浓度。温度越高,载流子的浓度越大,因此本征半导体的导电能力越强。温度是影响半导体性能的一个重要的外部因素,这是半导体的一大特点。

4. 杂质半导体的导电特性

在室温下,本征半导体的导电能力很差,而且也不好控制,不能用来制造半导体器件。如果在本征半导体中适当地掺入少量的有用杂质元素,可以大大提高半导体的导电能力,而且可以利用掺杂元素的数量来精确地控制半导体的导电能力。这种人为掺入杂质的半导体称为杂质半导体。按掺入的杂质不同,主要是三价或五价元素,杂质半导体可分为 N 型半导体和 P 型半导体。

(1) N 型半导体。

在本征半导体中硅晶体内掺入微量的五价元素,例如磷,可形成 N 型半导体,也称电子型半导体。掺入的磷原子数量极微,并不会改变硅单晶的共价键结构,只是使某些晶格节点上的硅原子被磷原子所取代,如图 1.19 所示(图中电子用"●"表示)。

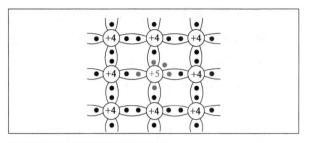

图 1.19 N 型半导体的结构示意图

磷原子有五个价电子,除了四个价电子与相邻的四个硅原子的价电子组成共价键外,而多余的一个价电子不参加共价键,只受磷原子核的微弱吸引,在室温下这个价电子受热激发获得的能量足以使它摆脱磷原子核的束缚而成为一个自由电子,几乎每个磷原子都能提供一个这样的自由电子,失去价电子的磷本身成为一个带正电的不能移动的正离子,所以磷原子仅提供一种载流子,即自由电子,故磷原子称为施主杂质。

掺入施主杂质的半导体中,自由电子的数量远远大于空穴的数量,这类杂质的半导体称为电子型半导体,或 N 型半导体。N 型半导体中,自由电子的浓度大于空穴的浓度,故称自由电子为 N 型半导体的多数载流子,空穴为 N 型半导体的少数载流子。

(2) P 型半导体。

在本征半导体中掺入三价杂质元素,例如硼,则可形成了 P 型半导体,也称为空穴型半导体。由于硼的价电子只有三个,当它与周围的硅原子形成共价键时,因缺少一个价电子而在共价键中留下一个空位,如图 1.20 所示(图中空穴用"○"表示)。

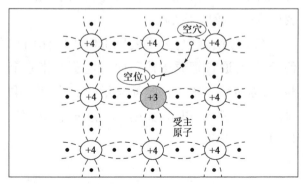

图 1.20 P 型半导体的结构示意图

由于结构的不稳定,硼原子很容易从相邻硅原子的共价键中夺取一个束缚电子而形成稳定结构,硼原子接收一个电子而变成带负电的不能移动的负离子,同时,硅原子的共价键失去一个束缚电子便出现了一个新的空位(即空穴)。在常温下几乎每一个硼原子均接受硅晶体中的一个束缚电子而产生一个空穴,从而提供了与杂质硼原子相等的空穴,所以,硼原子称为受主杂质。

受主杂质仅产生空穴(一种载流子)。这种掺杂三价杂质元素的半导体中,空穴是占多数,所以称为空穴型半导体,或 P 型半导体。P 型半导体中,空穴的浓度大于自由电子的浓度,故称空穴为 P 型半导体的多数载流子,自由电子为 P 型半导体的少数载流子。

5. PN 结的导电特性

(1) PN 结的形成。

在一块完整的晶片上,通过一定的掺杂工艺,使晶片的一边为 P 型半导体,另一边为 N 型半导体,则在这两种半导体的交界处会形成一个具有特殊物理性质的带电薄层,称为 PN 结。PN 的形成可分成三个阶段来说明。

①扩散的进行和空间电荷区的形成。

在 P 型半导体和 N 型半导体结合后,由于 N 区内电子很多而空穴很少,而 P 区内空穴很多而电子很少,在它们的交界处就出现了电子和空穴的浓度差别。这样,电子和空穴都要从浓度高的地方向浓度低的地方扩散。于是,有一些电子要从 N 区向 P 区扩散,也有一些空穴要从 P 区向 N 区扩散。由于扩散到 P 区的自由电子与空穴复合,而扩散到 N 区的空穴与自由电子复合,所以在交界面附近多子的浓度下降,P 区出现负离子区,N 区出现正离子区,它们是不能移动的,称为空间电荷区,从而形成内电场。随着扩散运动的进行,空间电荷区加宽,内电场增强,其方向由 N 区指向 P 区,正好阻止扩散运动的进行。

在这个区域内,多数载流子已扩散到对方并复合掉了,或者说消耗尽了,因此空间电荷区有时又称为耗尽区。它的电阻率很高,扩散越强,空间电荷区越宽。

②PN 结和漂移运动的形成。

在电场力的作用下,载流子的运动称为漂移运动。当空间电荷区形成后,在内电场的作用下,少子产生漂移运动,空穴从 N 区向 P 区运动,而自由电子从 P 区向 N 区运动。在无外电场和其他激发作用下,参与扩散运动的多子数目等于参与漂移运动的少子数目,从而达到动态平衡,形成 PN 结。空间电荷区内,正、负电荷的电量相等,因此,当 P 区与 N 区杂质浓度相等时,负离子区与正离子区的宽度也相等,称为对称结;而当两边杂质浓度不同时,浓度高一侧的离子区宽度低于浓度低的一侧,称为不对称 PN 结;两种结的外部特性是相同的。

绝大部分空间电荷区内自由电子和空穴都非常少,在分析 PN 结特性时常忽略载流子的作用,而只考虑离子区的电荷,这种方法称为"耗尽层近似",故也称空间电荷区为耗尽层。

由上述可见,扩散运动和漂移运动是互相联系又互相矛盾的,扩散使空间电荷区加宽,电场增强,对多数载流子扩散的阻力增大,但使得少数载流子的漂移增强;而漂移使得空间电荷区变窄,电场减弱,又使得扩散容易进行。最后,多子的扩散和少子的漂移达到动态平衡,此时,PN 结处于稳定状态,如图 1.21 所示。

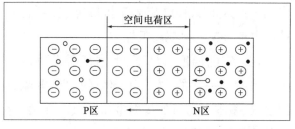

图 1.21 PN 结的形成

(2) PN 结的单向导电性。

①PN 结加正向电压时的导电情况。

PN 结加正向电压时的导电情况如图 1.22a) 所示。

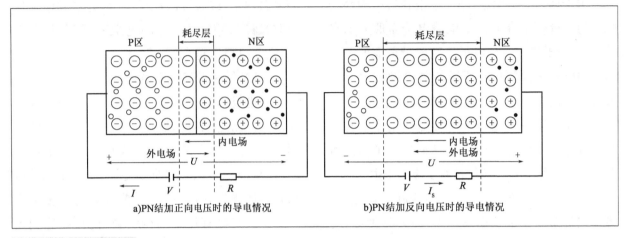

图1.22 PN结的导电情况

如果电源的正极接P区,负极接N区,外加的正向电压有一部分降落在PN结区,PN结处于正向偏置。电流便从P区一边流向N区一边,空穴和电子都向界面运动,使空间电荷区变窄,电流可以顺利通过,方向与PN结内电场方向相反,削弱了内电场。

②PN结加反向电压时的导电情况。

PN结加反向电压时的导电情况如图1.22b)所示。

如果电源的正极接N区,负极接P区,外加的反向电压有一部分降落在PN结区,PN结处于反向偏置,则空穴和电子都向远离界面的方向运动,使空间电荷区变宽,电流不能流过,方向与PN结内电场方向相同,加强了内电场。内电场对多子扩散运动的阻碍作用增强,扩散电流大大减小。此时PN结区的少子在内电场的作用下形成的漂移电流大于扩散电流,可忽略扩散电流,PN结呈现高阻性。

在一定的温度条件下,由本征激发决定的少子浓度是一定的,故少子形成的漂移电流是恒定的,基本上与所加反向电压的大小无关,这个电流也称为反向饱和电流。

二、功率半导体产业的特点及发展趋势

功率半导体是电力电子的基础,需求场景日益丰富,功率半导体是构成电力电子转换装置的核心组件,几乎关系国民经济各个工业部门和社会生活的各个方面,电子设备应用场景日益丰富,功率半导体的市场需求也与日俱增。随着新应用场景的出现和发展,功率半导体的应用范围已从传统的消费电子、工业控制、电力传输、计算机、轨道交通、新能源等领域扩展至物联网、电动汽车、云计算和大数据等新兴应用领域。

从器件结构来看,功率半导体呈现多世代并存的特点,功率半导体自20世纪50年代开始发展起来,至今形成以二极管、晶闸管、绝缘栅双极型晶体管等为代表的多世代产品体系。新技术、新产品的诞生拓宽了原有产品和技术的应用范围,适应更多终端产品的需求,但是,每类产品在功率、频率、开关速度等参数上,均具有不可替代的优势,功率半导体市场呈现多世代并存的特点。

从衬底材料来看,硅基材料的晶圆衬底为市场主流。目前,全球半导体衬底材料已经发展到第三代,包括以硅(Si)、锗(Ge)等为代表的第一代元素半导体材料,以砷化镓(GaAs)等为代表的第二代化合物半导体材料,以及以碳化硅(SiC)、氮化镓(GaN)等为代表的第三代宽禁带半导体材料。新材料进一步改善功率半导体的性能,但从整体来看,硅基材料的功率半导体产品仍是市场主流。近年来,随着第三代宽禁带材料半导体迅速发展,SiC 与 GaN 功率半导体器件的应用规模开始持续扩大。相对于硅衬底,宽禁带材料半导体具有更大的禁带宽度,在单位尺寸上能获得更高的器件耐压,以宽禁带材料为衬底制作的功率半导体器件尺寸更小,在特定应用场景具有优势。由于生产规模还相对较小、生产技术有待成熟、产品价格相对较高,其应用场景受到了一定的限制。

从硅片尺寸来看,硅片朝大尺寸方向发展,半导体的生产效率和成本与硅片尺寸直接相关。一般来说,硅片尺寸越大,用于产出半导体芯片的效率越高,单位耗用原材料越少。但随着尺寸的增大,硅片的处理工艺难度越高。按照量产尺寸来看,半导体硅片主要有 2in、3in、4in、5in、6in、8in、12in 等规格 (1in = 2.54cm)。

在半导体材料的选择上,晶圆制造厂商会综合考虑生产效率、工艺难度及生产成本等多项因素,使用不同尺寸的硅片来匹配不同应用场景,以达到效益最大化。8in 及 12in 硅片主要用于集成电路(IC),具体包括存储芯片、图像处理芯片、通用处理器芯片、高性能 FPGA 与 ASIC 芯片等;8in 及以下半导体硅片的需求主要来源于功率半导体、电源管理器、非易失性存储器、微机电系统、显示驱动芯片与指纹识别芯片等。

评价反馈

班级:_____ 姓名:_____ 学号:_____ 成绩:_____

1.1 填空(每题3分,共9分)

(1)在本征半导体中加入_____元素可形成 N 型半导体,加入_____元素可形成 P 型半导体。

A. 五价　　B. 四价　　C. 三价

(2)当温度升高时,二极管的反向饱和电流将_____。

A. 增大　　B. 不变　　C. 减小

(3)某二极管的额定最大正向整流电流为 2A,当有 3A 电流流过该二极管时,二极管最有可能_____。

A. 开裂　　B. 冒烟烧毁　　C. 无变化

1.2 电路如题 1.2 图所示,已知 $u_i = 5\sin\omega t(V)$,试画出 u_i 与 u_o 的波形。设二极管正向导通电压可忽略不计。(5分)

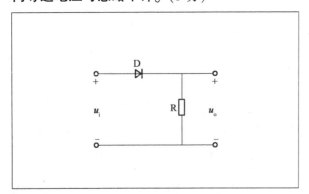

题 1.2 图

1.3 电路如题 1.3 图所示,二极管导通电压 $U_D = 0.7V$,常温下 $U_T \approx 26mV$,电容 C 对交流信号可视为短路;u_i 为正弦波,有效值为 10mV。试问二极管中流过的交流电流有效值为多少?(5分)

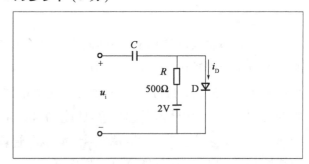

题 1.3 图

1.4 现有两只稳压管,它们的稳定电压分别为 6V 和 8V,正向导通电压为 0.7V。试问:(1)将它们串联相接,则可得到几种稳压值?各为多少?(2)将它们并联相接,则又可得到几种稳压值?各为多少?(5分)

1.5 在题 1.5 图所示电路中,发光二极管导通电压 $U_D = 1.5V$,正向电流在 5~15mA 时才能正常工作。试问:(1)开关 S 在什么位置时发光二极管才能发光?(2)R 的取值范围是多少?(6分)

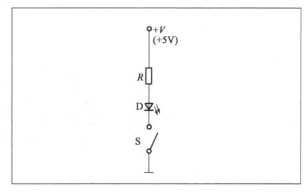

题 1.5 图

项目1 教学情况反馈单

评价项目	评价内容	评价等级				得分
		优秀	良好	合格	不合格	
教学目标 (10分)	知识与能力目标符合学生实际情况	5	4	3	2	
	重点突出、难点突破	5	4	3	2	
教学内容 (15分)	知识容量适中、深浅有度	5	4	3	2	
	善于创设恰当情境,让学生自主探索	5	4	3	2	
	知识讲授正确,具有科学性和系统性,体现应用与创新知识	5	4	3	2	
教学方法及手段 (20分)	教法灵活,能调动学生的学习积极性和主动性,注重能力培养	10	8	6	4	
	能恰当运用图标、模型或现代技术手段进行辅助教学	10	8	6	4	
教学过程 (30分)	教学环节安排合理,知识衔接自然	10	8	6	4	
	注重知识的发生、发展过程,有学法指导措施,课堂信息反馈及时	10	8	6	4	
	评价意见中肯且有激励作用,帮助学生认识自我、建立信心	10	8	6	4	
教师素质 (10分)	教态自然,语言表述清楚,富有激情和感染力	10	8	6	4	
教学效果 (15分)	课堂气氛活跃,学生积极主动地参与学习全过程,并在学法上有收获	5	4	3	2	
	大多数学生能正确掌握知识,并能运用知识解决简单的实际问题	10	8	6	4	
总分		100	80	60	40	

老师,我想对您说	

项目2
三极管及常用放大电路

 **问题导学**

1. 什么是三极管？其伏安特性是什么？
2. 如何分析三极管的结构？用什么符号表示三极管？
3. 如何识别和检测三极管？
4. 如何应用三极管？常见的三极管应用电路有哪些？
5. 常见的特殊三极管有哪些？

 **思维导图**

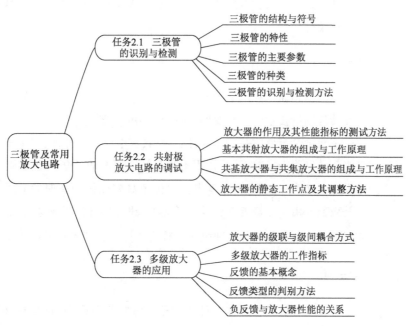

 情境导入

小张在学习了二极管的基本知识后，对半导体有了一定的了解，这更坚定了小张为我国半导体事业奋斗的信念。通过学习，他了解到三极管的应用也是半导体技术的重要组成部分，那么，什么是三极管？三极管的基本结构是怎样的呢？三极管又有哪些实际的应用呢？带着这些疑问，小张开始了本项目的学习，希望能够解决心中的疑惑。

任务 2.1 三极管的识别与检测

知识目标

1. 了解三极管电流放大电路的特点;
2. 掌握三极管的基本结构和表示符号;
3. 了解三极管的特性曲线、主要参数、温度对特性的影响。

三极管放大电路基本原理

能力目标

1. 具备识别三极管的种类、型号的能力;
2. 具备在实践中合理使用三极管的能力;
3. 具备使用万用表识别三极管的引脚的能力。

三极管工作原理1

素养目标

通过完成三极管检测任务,养成细致认真的职业素养,培养埋头苦干、担当作为的职业精神。

三极管工作原理2

读一读

电子电路通常利用电子元器件的特性而工作,电子技术的不断进步,体现在电子元器件制造技术的不断发展与电子线路的不断完善上。

三极管是半导体基本元器件之一,具有电流放大作用,是电子电路的核心元件,三极管的发明带来并促进了"固态革命",进而推动了全球范围内的半导体电子工业的发展。作为主要部件,它首先在通信工具方面得到普遍的应用,并产生了巨大的经济效益。由于三极管彻底改变了电子线路的结构,集成电路以及大规模集成电路应运而生,这样,制造像高速电子计算机之类的高精密装置就变成了现实。

想一想

什么是三极管?怎样合理选用三极管?如何识别与检测三极管?让我们一起来学习以下的学习单元吧!

理论学习 2.1.1 三极管的结构与符号

三极管是电子电路的重要元件。它是在一块本征半导体中按特定方式进行掺杂,构成三个杂质区、两个 PN 结,每个杂质区各引出一个电极,然后封装而成的。采用平面工艺制成的 NPN 型三极管结构和符号如图 2.1a)所示,位于中间的 P 区称为基区,它很薄且杂质浓度很低;位于下层的 N 区是发射区,掺杂浓度很高;位于上层的 N 区是集电区,面积很大;晶体管的外特性与三个区域的上述特点紧密相关。它们所引出的三个电极分别为基极 b、发射极 e 和集电极 c。

图 2.1b)所示为 PNP 型三极管的结构和符号。三极管图形符号中的箭头表示发射结的正偏电压方向。

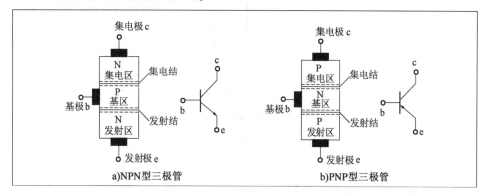

图 2.1 三极管的结构和符号

理论学习 2.1.2　三极管的特性

三极管的各极电压和电流之间的关系取决于其内部载流子的运动情况,但在使用三极管时,了解其外部特性比了解其内部载流子的运动更为重要。当然,理解载流子的导电机理可以帮助我们更好地理解三极管的外部特性。

在 NPN 型三极管的共射极放大电路中,可以通过改变各极电压和电流的参考方向来得到与 PNP 型管相同的特性。

图 2.2 所示共射极放大电路中,三极管 b、e 极及 V_{BB} 所在回路为输入回路,c、e 极及 V_{CC} 所在回路为输出回路。

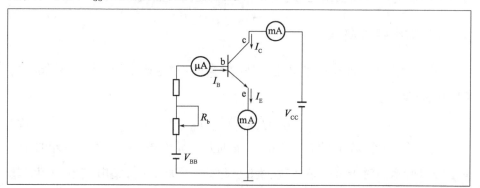

图 2.2 共射极放大电路

一、输入特性曲线

输入特性曲线描述管压降 U_{CE} 一定的情况下,基极电流 I_B 与发射结压降

u_{BE} 之间的函数关系，即：

$$I_B = f(u_{BE})|_{U_{CE}=常数} \quad (2.1)$$

当 $U_{CE} = 0V$ 时，相当于集电极与发射极短路，即发射结与集电结并联。因此，输入特性曲线与 PN 结的伏安特性相类似，呈指数关系，见图 2.3 中标注 $U_{CE} = 0V$ 的那条曲线。

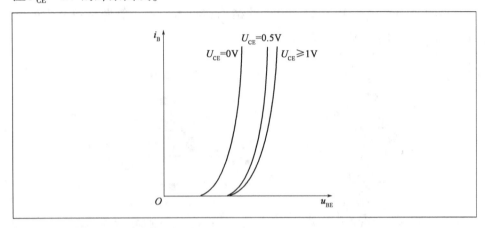

图 2.3　三极管的输入特性曲线

当 U_{CE} 增大时，曲线将右移，见图 2.3 中标注 $U_{CE} = 0.5V$ 和 $U_{CE} \geq 1V$ 的曲线。这是因为，由发射区注入基区的非平衡少子有一部分越过基区和集电结形成集电极电流 i_C，使得在基区参与复合运动的非平衡少子随 U_{CE} 的增大（即集电结反向电压的增大）而减小；因此，要获得同样的 i_B，就必须加大 u_{BE}，使发射区向基区注入更多的电子。

实际上，对于确定的 u_{BE}，当 U_{CE} 增大到一定值以后，集电结的电场已足够强，可以将发射区注入基区的绝大部分非平衡少子都收集到集电区，因而再增大 U_{CE}，i_C 也不可能明显增大了，也就是说，i_B 已基本不变。因此，U_{CE} 超过一定数值后，曲线不再明显右移而基本重合。对于小功率三极管，可以用 U_{CE} 大于 1V 的任何一条曲线来近似表示 $U_{CE} \geq 1V$ 的所有曲线。

二、输出特性曲线

输出特性曲线描述基极电流 I_B 为一常量时，集电极电流 i_C 与管压降 u_{CE} 之间的函数关系，即

$$i_C = f(u_{CE})|_{I_B=常数} \quad (2.2)$$

对于每一个确定的 I_B，都有一条曲线，所以输出特性是一组曲线，如图 2.4 所示。对于某一条曲线，当 u_{CE} 从零逐渐增大时，集电结电场随之增强，收集基区非平衡少子的能力逐渐增强，因而 i_C 也就逐渐增大。而当 u_{CE} 增大到一定数值时，集电结电场足以将基区非平衡少子的绝大部分收集到集电区来，u_{CE} 再增大，收集能力已不能明显提高，表现为曲线几乎平行于横轴，即 i_C 几乎仅仅决定于 I_B。从输出特性曲线可以看出，晶体管有三个工作区域。

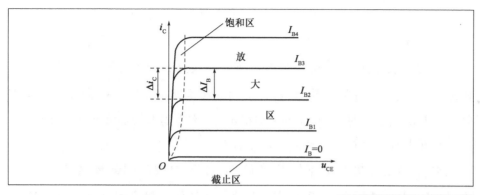

图 2.4 三极管输出特性曲线

（1）截止区：其特征是发射结电压小于开启电压且集电结反向偏置。对于共射电路，$u_{BE} \leq U_{on}$ 且 $u_{CE} > u_{BE}$，此时 $I_B = 0$，而 $i_C \leq I_{CEO}$。小功率硅管的 I_{CEO} 在 1μA 以下，锗管的 I_{CEO} 小于几十微安，因此，在近似分析中可以认为晶体管截止时 $i_C \approx 0A$。

（2）放大区：其特征是发射结正向偏置（u_{BE} 大于发射结开启电压 U_{on}）且集电结反向偏置。对于共射电路，$u_{BE} > U_{on}$ 且 $u_{CE} > u_{BE}$。此时，i_C 几乎仅仅决定于 i_B，而与 u_{CE} 无关，表现出 i_B 对 i_C 的控制作用，$I_C = \bar{\beta} I_B$，$\Delta i_C = \beta i_B$。在理想情况下，当 I_B 按等差变化时，输出特性是一组横轴的等距离平行线。

（3）饱和区：其特征是发射结与集电结均处于正向偏量。对于共射电路，$u_{BE} > U_{on}$ 且 $u_{CE} < u_{BE}$。此时 i_C 不仅与 i_B 有关，而且明显随 u_{CE} 的增大而增大，$i_C < \bar{\beta} I_B$。在实际电路中，若晶体管的 u_{BE} 增大，i_B 随之增大，但 i_C 增大不多或基本不变，则说明晶体管进入饱和区。对于小功率管，可以认为当 $u_{CE} = u_{BE}$，即 $u_{CB} = 0$ 时，晶体管处于临界状态，即临界饱和或临界放大状态。

在模拟电路中，绝大多数情况下应保证晶体管工作在放大状态。

理论学习 2.1.3　三极管的主要参数

三极管的参数是用来表示器件性能优劣和适用范围的，它是选用三极管的依据。三极管的参数很多，包括直流参数、交流参数、极限参数和噪声参数等。这里介绍常用的几个参数。

1. 电流放大倍数 β

在共发射极电路中，在一定的集电极电压下，集电极电流变化量 ΔI_C 与基极电流变化量 ΔI_B 的比值，称为共射极电流交流放大倍数 β，即

$$\beta \approx \frac{\Delta I_C}{\Delta I_B} \tag{2.3}$$

2. 集电极—发射极反向饱和电流 I_{CEO}

在共射极电路中，如果将三极管的基极开路，即 $I_B = 0$，仍会有电流从集电极穿透到发射极。通常将这种不受基极控制的寄生电流称为穿透电流，并

用I_{CEO}表示。

3. 集电极最大允许电流I_{CM}

I_{CM}是指管子正常工作时,集电极所允许通过的最大电流,即集电极工作电流$I_C \leq I_{CM}$,I_C超过某一数值时,管子的β值会明显下降。通常规定β值下降至正常值的2/3时,其对应的集电极电流,称为集电极最大允许电流I_{CM}。

4. 集电极—发射极反向击穿电压βU_{CEO}

βU_{CEO}是指三极管的基极开路时,在C、E两极之间的最大允许电压。βU_{CEO}表示击穿电压,下角标O表示开路。在使用三极管时,应使$U_{CE} < \beta U_{CEO}$以防发生击穿。

5. 集电极最大允许耗散功率P_{CM}

三极管工作时,其集电极处于反向偏置状态,呈现出高阻,因而在集电结上耗散的功率较大,且这部分功率全部转化成热能,使结温升高。若温度超过最高允许值,会将管子烧坏。为此,规定了最大耗散功率P_{CM},其值为$P_{CM} = U_{CE} \cdot I_E$。

理论学习2.1.4 三极管的种类

三极管的种类很多,具体分类如图2.5所示。常见三极管的外形如图2.6所示。

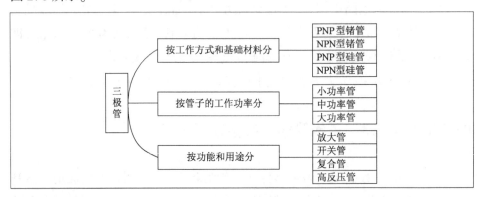

图2.5 三极管的分类

图2.6 常见三极管的外形

理论学习 2.1.5　三极管的识别与检测方法

一、三极管的识别

通过识读三极管的型号,查阅相关资料,可了解其管型、材料类型、应用场合以及有关参数等。同时,根据封装外形,可判别其引脚分布情况。

三极管不同的封装外形,其引脚排列是有一定规律的。图 2.7 是几种典型的三极管引脚排列情况。

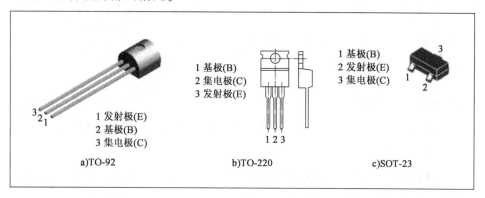

图 2.7　典型的三极管引脚排列示意图

二、三极管的检测

一般来说,可用晶体管特性图示仪进行三极管的性能测试,亦可通过万用表来完成对三极管的简易测试。

1. 引脚及管型的判别

若不知道引脚的排列规律,可通过万用表的欧姆挡测试来判别。次序是:先判别出基极,同时得到管型,再判别集电极和发射极。

(1) 基极的判别与管型的确定。

用万用表的欧姆挡(测小功率管选 $R \times k$ 挡,测大功率管选 $R \times 1$ 或 $R \times 10$ 挡)判别管子的基极,其判别原理在于 PN 结的单向导电性(正向电阻远小于反向电阻)。将三个引脚分别作为假设的基极,进行下述测试与判断。

先用黑表笔搭接第一个假设基极,红表笔分别搭接另两极,若两次测试时的指针偏转角均较大(正向电阻小),则黑表笔所接为基极且管型为 NPN。若指针偏转情况不是这样,再试第二、第三个假设基极。三个假设基极全部试完,指针偏转仍不符合要求,则说明该管为 PNP 型管,基区为 N 区。再用红表笔搭接假设基极,黑表笔分别搭接另两极,当指针偏转时,红表笔所接为基极。

(2) 集电极与发射极的判别。

在明确了管型和基极之后,再判别管子的集电极和发射极。图 2.8 所示的两个电路中,NPN型管与PNP型管都工作于放大状态(发射结正偏、集电结反偏),集电极电流较大,万用表指针偏转角较大。若对调各图中的两支表笔,则指针偏转角较小。这样,对于确定管型的三极管,将剩下的两个引脚则先后假设为集电极,在基极与假设集电极之间介入人体电阻,用欧姆挡测试。然后根据两次测试下指针偏转角的大小,判别出实际的集电极和发射极。

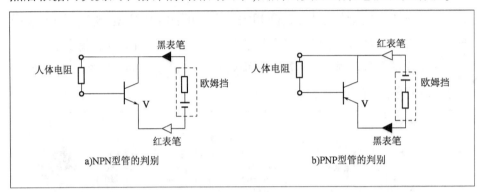

图2.8 集电极与发射极的判别

人体电阻的介入方法是:将手指蘸湿,捏在基极与假设集电极之间。

2. 材料判别

在判别出三极管的管型和各引脚名称之后,通过测量PN结的正向导通电压(硅管的正向导通电压约为0.7V,锗管的约为0.3V)或PN结的正向直流电阻(锗管的正向直流电阻为几百欧左右,硅管的在几千欧左右),可判别出管子的材料和类别。

任务实训 三极管的识别与检测

班级：_____ 姓名：_____ 学号：_____ 成绩：_____

一、任务描述

学生分为若干组，提供万用表。完成以下工作任务：

(1)三极管的识读与识别；

(2)三极管的检测。

二、任务实施

任务1：三极管的识读与识别

(1)根据网络资料与外形封装，确定引脚名称。

(2)借助网络资料，查找2N2222、2SC1890型三极管的主要参数，并记录如下：

2N2222：_____。

2SC1890：_____。

(3)对2N2222及2SC1890的主要参数进行明确，填入表2.1。

表2.1 2N2222及2SC1890的主要参数

型号	B、E间电阻值		B、C间电阻值		C、E间电阻值		管型	材料
	正向	反向	正向	反向	正向	反向		
2N2222								
2SC1890								

任务2：三极管的检测

教师提前用胶带将2N2222及2SC1890标识进行遮挡。

(1)用万用表的欧姆挡判别基极。

(2)确定管型。

(3)判别集电极和发射极。

揭开胶带，识读型号，查阅资料，验证所测结果是否正确。

三、任务评价

根据任务完成情况,完成任务表 2.2 任务评价单的填写。

表 2.2　任务评价单

【自我评价】 　　总结与反思: 实训人签字:
【小组互评】 　　该成员表现: 组长签字:
【教师评价】 　　该成员表现: 教师签字:

【实训注意事项】

(1)避免直接接触元件引脚,避免测量误差。

(2)注意表笔与元件引脚有效接触,避免测量误差。

任务2.2 共射极放大电路的调试

知识目标

1. 掌握基本共射极放大电路的测试；
2. 掌握共射极放大电路主要元器件的作用与应用方法；
3. 掌握共射、共基和共集三种放大电路的电路构成特点；
4. 掌握使用万用表调试三极管的静态工作点的方法；
5. 了解测试放大器的性能指标；
6. 掌握共射极放大电路的分析方法；
7. 掌握共射极放大电路的调试方法。

能力目标

通过学习共射极放大电路理论知识，具备独立制作与调试共射极放大电路的能力。

素养目标

通过共射极放大电路的调试任务，培养出良好的职业习惯与正确的职业价值观。

读一读

放大器电路可以将输入信号的弱小功率放大，以获得更大的输出功率。放大器电路通过使用电源来提供能量，从而将输出信号的波形控制在与输入信号相同的形状，但是具有更大的振幅。因此，放大器电路可以被视为一种可调节的输出电源，能够为我们提供比输入信号更强的输出信号。

想一想

放大器有哪些方面的性能指标？放大器为什么能实现对信号的放大？常用的三极管放大器有哪些工作模式？各自的特点如何？让我们一起来学习吧！

理论学习2.2.1 放大器的作用及其性能指标的测试方法

一、放大器的作用

所谓的放大器(Amplifier, A)，是一种可以将输入信号的功率放大，而不改变其电压或电流变化趋势的电路。这种电路通过电源提供能量，控制输出信号的波形与输入信号一致，但具有较大的振幅，从而获得比输入信号更强的输出信号。放大器实质上是一种功率形式的转换器，它可以将一部分直流功率转换为信号功率，使信号功率增大。

放大器是一种具有输入端口和输出端口的二端口网络，其中放大元器件是核心部件，三极管是一种常用的放大元器件，共射极、共基极和共集极是三种常见的放大器组态，如图2.9所示。

二、放大器的性能指标

放大器的性能主要通过以下指标来衡量：放大倍数 A、输入电阻r_i、输出电阻r_o以及通频带 BW。

1. 放大倍数 A

放大器的信号放大能力是用放大倍数 A 来表示的，它包括电压放大倍数A_u、电流放大倍数A_i和功率放大倍数A_P三方面。

(1)电压放大倍数A_u，是指放大器输出电压的瞬时值与输入电压瞬时值的比值。即：

$$A_u = \frac{u_o}{u_i} = |A_u| \angle \varphi_{au} \qquad (2.4)$$

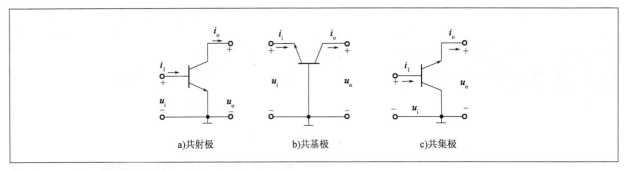

图2.9 三极管放大器的三种组态

其中,$|A_u| = \dfrac{U_o}{U_i}$,表示放大器的电压放大能力;$\varphi_{au} = \varphi_{uo} - \varphi_{ui}$,是指$u_o$与$u_i$的相位差,称为放大器的相移,它表示了放大器输出电压u_o与输入电压u_i之间的相位关系。

(2)电流放大倍数A_i,是指放大器输出电流的瞬时值与输入电流的瞬时值的比值。即:

$$A_i = \dfrac{i_o}{i_i} \quad (2.5)$$

其中,$|A_i| = \dfrac{I_o}{I_i}$,表示放大器的电流放大能力。

(3)功率放大倍数A_P,是指放大器输出功率与输入功率的比值。即:

$$A_P = \dfrac{P_o}{P_i} \quad (2.6)$$

其中,A_P表示放大器的功率放大能力。

A_u、A_i、A_P之间的关系如下:

$$A_P = \dfrac{P_o}{P_i} = \dfrac{U_o I_o}{U_i I_i} = |A_u| \times |A_i| \quad (2.7)$$

2. 输入电阻r_i与输出电阻r_o

放大器是整个电子设备的一个中间环节。相对于前接的信号来说,放大器是负载,从输入端"看进来"可等效为一个电阻,也就是放大器的输入电阻;相对于后接的负载,放大器是一个电压(或电流)信号源,从输出端"看进来"可等效为一个实际电压(或电流)源,其内阻也就是放大器的输出电阻r_o。

图2.10所示为放大器的等效电路模型。其中,u'_o是放大器空载(R_L开路)下的输出电压,它受u_i控制。

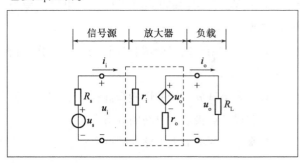

图2.10 放大器的等效电路模型

(1)输入电阻r_i。

放大电路与信号源相连接就成为信号源的负载,必然从信号源索取电流,电流的大小表明放大电路对信号源的影响程度。输入电阻r_i是从放大电路输入端"看进去"的等效电阻,定义为输入电压有效值$\dot{U}_i$和输入电流$\dot{I}_i$有效值之比,即$r_i = \dfrac{\dot{U}_i}{\dot{I}_i}$。

r_i越大,表明放大电路从信号源索取的电流越小,放大电路所得到的输入电压越接近信号源电压。换言之,信号源内阻的压降越小,信号电压损失越小。然而,若信号源内阻是常量,为使输入电流大一些,则应使输入电阻小一些。因此,放大电路输入电阻的大小要视需要而设计。

最后需要说明的是:r_i是一种交流等效电阻,它体现了放大器对电流变化所起的阻碍作用。

(2)输出电阻r_o。

任何放大电路的输出都可以等效为一个有内阻的电压源,如图 2.10 所示,r_o 从放大电路输出端"看进去"的等效内阻称为输出内阻 R_o。

3. 通频带 BW

所谓的通频带,是指信号通过放大器时,能够得到有效放大的频率范围(常称为带宽,Band Width,BW)。通频带用于衡量放大电路对不同频率信号的放大能力。

由于放大电路中电容、电感及半导体器件结电容等电抗元件的存在,在输入信号频率较低或较高时,放大倍数的数值会下降并产生相移。一般情况,放大电路只适用于放大某一个特定频率范围内的信号。图 2.11 所示为某放大电路放大倍数的数值与信号频率的关系曲线,称为幅频特性曲线,图中 A_u 为中频放大倍数。

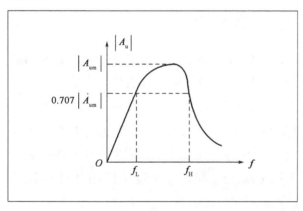

图 2.11 阻容耦合共射放大器的幅频特性曲线

在信号频率下降到一定程度时,放大倍数的数值明显下降,当频率下降时,使放大倍数的数值等于 $0.707|\dot{A}_m|$ 的频率称为下限截止频率 f_L。信号频率上升到一定程度,放大倍数的数值也将减小,当频率上升时,使放大倍数的数值等于 $0.707|\dot{A}_m|$ 的频率称为上限截止频率 f_H。f 小于 f_L 的部分称为放大电路的低频段,f 大于 f_H 的部分称为高频段,而 f_L 与 f_H 之间形成的频带称为中频段,也称为放大电路的通频带 BW。

理论学习 2.2.2 基本共射放大器的组成与工作原理

一、电路组成

放大器通常由三极管与偏置电路和耦合电路配合组成。偏置电路用来为放大元器件提供合适的静态(电路无信号输入时的状态)偏置电流与偏置电压,以保证动态(电路有信号输入时的状态)下的放大元器件能始终工作于线性放大状态;耦合电路则用来实现将电信号以尽可能小地衰减、不失真地由一级传送到下一级。

图 2.12 所示为基本共射放大器的电路图。V_{CC}、R_B、R_C 构成固定偏置电路,C_1、C_2 为耦合电容。

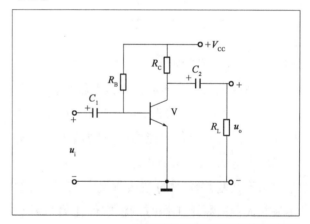

图 2.12 基本共射放大器的电路图

二、电压放大原理

对于图 2.12 所示的电路,输入正弦信号 u_i 经 C_1 耦合,$u_{BE} = U_{BEQ} + u_i$,其大小将发生变化,从而造成 i_B、i_C、u_{CE} 随之发生变化,C_2 隔离 u_{CE} 中的直流分量,输出 u_o 的振幅 U_{om} 远大于 u_i 的振幅 U_{im},这样就实现了电压放大(同时,u_o 与 u_i 反相)。

理论学习 2.2.3 共基放大器与共集放大器的组成与工作原理

一、共基放大器简介

图 2.13 所示为共基放大器的电路图。C_1、C_2 为耦合电容，C_B 为基极旁路电容，它们的电容量均较大。V_{CC}、R_{B1}、R_{B2}、R_E、R_C 构成分压式偏置电路。信号由发射极输入、集电极输出，故为共基组态。

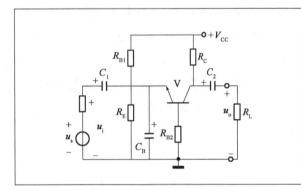

图 2.13 共基放大器的电路图

共基放大器的电压放大倍数 A_u 较高，且 u_o 与 u_i 同相。输入电阻 r_i 较低，输出电阻 r_o 较高。共基放大器没有电流放大能力（I_o 稍小于 I_i），具有功率放大能力（$A_P \approx A_u \gg 1$）。

由于共基接法下的三极管高频特性好，故共基放大器高频下工作时的稳定性比另两种组态的电路要好。它广泛地应用于宽频带或高频电路中。

二、共集放大器简介

图 2.14 所示为共集放大器的电路图。C_1、C_2 为耦合电容。V_{CC}、R_B、R_E 构成偏置电路。信号由管子的基极输入，由发射极输出，故为共集组态。同时，这种电路又称射极输出器。

共集放大器的电压放大倍数 A_u 稍小于 1，即 U_{om} 稍小于 U_{im}，且 u_o 与 u_i 同相。这说明该电路的电压跟随性能好，故共集放大器又称射极跟随器，简称射随器。

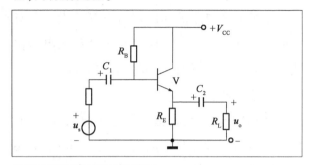

图 2.14 共集放大器的电路图

共集放大器虽然没有电压放大能力（A_u 稍小于 1），但它具有较强的电流放大与功率放大能力。同时，由于共集放大器的输入电阻较大（信号源负担轻）、输出电阻较小（放大器的带负载能力强），故该电路在电子线路中应用广泛。

理论学习 2.2.4 放大器的静态工作点及其调整方法

一、静态工作点

共射放大器中的三极管工作时，输入回路及输出回路中的电流与电压分别决定了输入特性曲线和输出特性曲线上的一个点，这个点就称为工作点。图 2.15 中的 Q、Q'、Q'' 均为工作点。以 Q 为例，U_{BEQ} 与 I_{BQ} 决定了输入特性曲线上的 Q 点，I_{CQ} 与 U_{CEQ} 决定了输出特性曲线的 Q 点。

放大器在没有信号输入（$u_i = 0$）时，三极管的工作点就称为静态工作点，用 Q 来表示。

当电路输入正弦信号 u_i 时，使 U_{BE} 能发生变化，从工作点的角度来看，将以 Q 为中心沿交流负载线，在 Q' 与 Q'' 之间上下移动，此时的电路状态称为动态。

静态工作点不合适，晶体管可能会工作在截止区或饱和区，无法保证对交流信号实现有效的放大，会出现输出信号的失真。

信号在传输过程中与原有信号或者标准信号相比所发生的偏差，即输入为正弦波，输出不

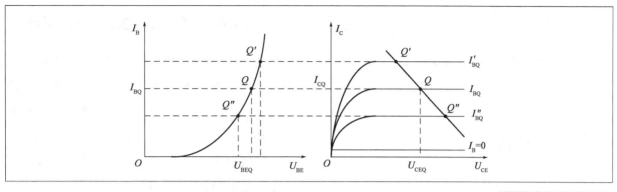

图2.15 三极管工作点

再为正弦波,波形出现了严重的畸变,这就称为失真。

静态工作点设置不合适将会导致两种失真:截止失真与饱和失真。

截止失真:由于输入回路无法满足发射结正偏,导致晶体管工作在截止区而引起的输出波形失真。

饱和失真:由于输出回路无法满足集电结反偏,导致晶体管工作在饱和区而引起的输出波形失真。

怎样才能获得合适的静态工作点呢?这要通过选择一定结构的偏置电路和合理选择元器件参数来实现。

二、静态工作点的计算与调整

用分立元件构成的放大器,最常见的两种偏置电路类型是固定偏置电路和分压式偏置电路。

1. 固定偏置电路

图2.16所示为固定偏置电路。该电路静态工作点的计算公式如下:

$$I_{BQ} = \frac{V_{CC} - U_{BEQ}}{R_B} \quad (2.8)$$

$$I_{CQ} \approx \beta I_{BQ} \quad (2.9)$$

$$U_{CEQ} = V_{CC} - R_C I_{CQ} \quad (2.10)$$

关于U_{BEQ}的取值,做如下说明:若无特别说明,硅管(通常为NPN型)发射结正偏导通时,U_{BEQ}取0.7V;锗管(通常为PNP型)发射结正偏导通时,$-U_{BEQ}$取0.3V。

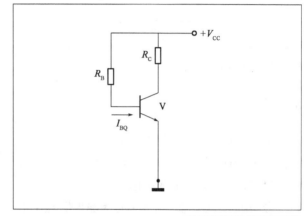

图2.16 固定偏置电路

在该电路中一般$V_{CC} \gg U_{BEQ}$,近似计算时$I_{BQ} = \frac{V_{CC}}{R_B}$。也就是说,管子的基极偏置电流与极管的参数几乎无关,所以称它为固定偏置电路。

该电路静态工作点的调整,一般通过调节基极偏置电阻R_B的电阻值来实现。

2. 分压式偏置电路

图2.17所示为分压式偏置电路。在该电路中,通常$I_1 \gg I_{BQ}$,这样,近似分析时就认为:上偏置电阻R_{B1}与下偏置电阻R_{B2}串联分压,来为管子提供合适的基极对地电压U_B。

该电路静态工作点的计算公式如下:

$$U_B = \frac{R_{B2}}{R_{B1} + R_{B2}} V_{CC} \quad (2.11)$$

$$\left. \begin{array}{l} I_{EQ} = \dfrac{U_B - U_{BEQ}}{R_E} \\ I_{BQ} = \dfrac{I_E}{1+\beta} \\ I_{CQ} \approx I_E \end{array} \right\} \quad (2.12)$$

$$U_{CEQ} \approx V_{CC} - (R_C + R_E)I_{CQ} \quad (2.13)$$

该电路静态工作点的调整,一般通过调节上偏置电阻R_{B1}的电阻值来实现。

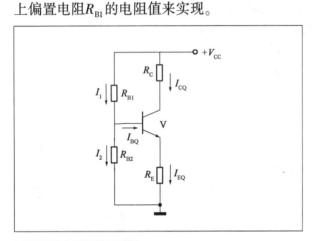

图2.17 分压式偏置电路

看一看

温度对放大器静态工作点的影响。

【学习情境设计】请观察演示实验:

(1)按图2.18所示连接电路;

(2)函数信号发生器为基本放大器提供1kHz的正弦信号u_i,用示波器监测u_o波形;

(3)逐渐调大u_i的幅度,直至将出现饱和失真;

(4)用电吹风对基本共射放大器加热,观察u_o的波形,发现饱和失真越来越严重。

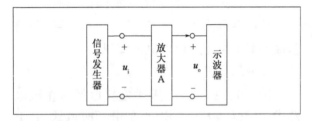

图2.18 演示实验原理图

想一想

上述实验说明什么问题?

【实验结论】温度的变化将对放大器的静态工作点造成影响。

学一学

温度变化会对放大器的静态工作点造成怎样的影响?实际电路中又是如何解决这一问题的?

三、温度对放大器静态工作点的影响

对于基本共射放大器,其静态基极电流I_{BQ}固定。但随着温度的变化,管子的β值及穿透电流I_{CEQ}均发生变化,最终将造成静态工作点Q的位移,以温度升高为例,简析如下。

温度升高$\rightarrow \beta\uparrow$、$I_{CEQ}\uparrow \rightarrow Q$上移$\rightarrow I_{CQ}\uparrow$、$U_{CEQ}\downarrow \rightarrow$易形成饱和失真。

同理,当温度下降时,Q点将下移,易形成截止失真。

四、稳定静态工作点的措施与常用电路

稳定静态工作点的常见措施是:在电路中引入直流负反馈(反馈的概念将在后文介绍)。图2.19及图2.20所示为两种常用的偏置电路:分压式偏置电路与集电极-基极偏置电路,它们都具有比较稳定的静态工作点。

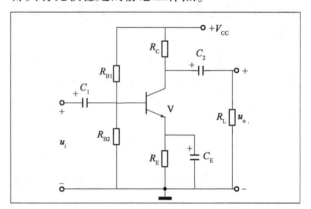

图2.19 分压式偏置共射放大器

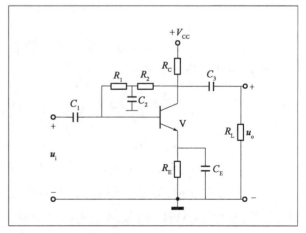

图2.20 集电极-基极偏置共射放大器

任务实训 调试基本共射放大器

班级：_____ 姓名：_____ 学号：_____ 成绩：_____

一、任务描述

学生分为若干组,每组提供函数信号发生器一台,万用表一只,基本共射放大器的电路模板(电路如图 2.21 所示)一块。完成以下工作任务：

(1)调整基本共射放大器的静态工作点；

(2)测试电路的静态工作点。

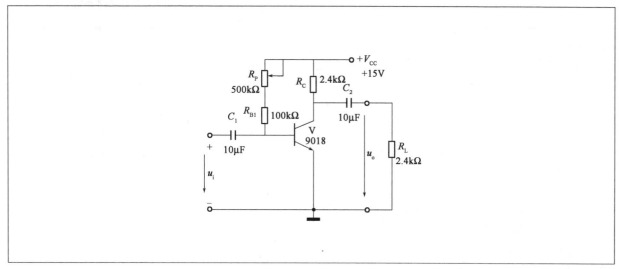

图 2.21 基本共射放大器的电路图

二、任务实施

任务 1：调整基本共射放大器的静态工作点

接通 +15V 直流电源,输入 $f=1$ kHz 的正弦信号 u_i,用示波器监测 u_o 波形。反复调整 R_P 及信号源的输出幅度,使放大器输出电压在不失真的状态下保持幅值最大。

任务 2：测试电路的静态工作点

取走信号源,用万用表直流电压挡测量三极管各极对地电压,填入表 2.3 中。计算 U_{BEQ}、U_{CEQ} 及 I_{CQ} 的值,填入表 2.3 中。

表 2.3 共射放大器的静态工作点 Q 测试数据表

$U_{EQ}(V)$	$U_{BQ}(V)$	$U_{CQ}(V)$	$U_{BEQ}(V)$	$U_{CEQ}(V)$	$I_{CQ}(A)$

三、任务评价

根据任务完成情况,完成任务表2.4任务评价单的填写。

表2.4 任务评价单

【自我评价】 　　总结与反思: 　　　　　　　　　　　　　　　　　　　　　　　　　　　　　　　　实训人签字:
【小组互评】 　　该成员表现: 　　　　　　　　　　　　　　　　　　　　　　　　　　　　　　　　组长签字:
【教师评价】 　　该成员表现: 　　　　　　　　　　　　　　　　　　　　　　　　　　　　　　　　教师签字:

想一想

请根据实训任务完成结果,完成以下两个问题。

(1)该电路的偏置类型是什么?

(2)电路静态工作点调整好以后,根据静态工作点的测试结果,如何确定三极管的 β 值?

【实训注意事项】
(1)避免直接接触元件引脚而引起测量误差。
(2)注意表笔与元件引脚有效接触,避免测量误差。

任务2.3 多级放大器的应用

知识目标

1. 了解多级放大电路的级间耦合方式;
2. 掌握多级放大器的增益和输入、输出电阻的概念及工程中的应用方法;
3. 理解负反馈对放大器性能的影响。

能力目标

1. 具备搭接多级放大器,并独立完成电路测试的能力;
2. 具备独立完成静态工作点测试的能力;
3. 具备判断放大器中的反馈类型的能力。

素养目标

通过对多级放大器的应用的学习,培养工作严谨、细致认真的职业素养。

读一读

在实际应用中,常对放大电路的性能提出多方面的要求。例如,要求一个放大电路输入电阻大于2MΩ、电压放大倍数大于2 000、输出电阻小于100Ω等。仅靠前面所讲的任何一种放大电路都不可能同时满足上述要求,这时就可以选择多个基本放大电路,将它们合理连接以构成多级放大电路。

想一想

多级放大器是如何级联的?多级放大器的级联对信号的传递有什么影响?放大器中的反馈有哪些类型?什么是负反馈?

理论学习2.3.1 放大器的级联与级间耦合方式

组成多级放大电路的每一个基本放大电路称为一级,级与级之间的连接称为级间耦合。多级放大电路有三种常见的耦合方式:阻容耦合、直接耦合、变压器耦合,分别如图2.22a)、图2.22b)、图2.22c)所示。表2.5就这三种常见耦合电路的特点和应用做简要说明。

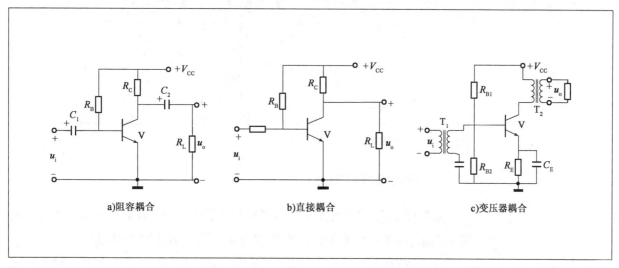

图2.22 常见的级间耦合方式

表 2.5　阻容耦合、直接耦合、变压器耦合比较

项目	阻容耦合	直接耦合	变压器耦合
例图	图 2.22a)	图 2.22b)	图 2.22c)
连接方式	将放大电路的前级输出端通过电容接到后级输入端	将前一级的输出端直接连接到后一级的输入端	将放大电路前级的输出信号通过变压器接到后级的输入端或负载电阻上
优点	(1)放大电路各级之间的直流通路各不相通,各级的静态工作点相互独立,电路的分析、设计和调试简单易行; (2)输入信号频率较高,耦合电容容量较大,前级的输出信号就可以几乎没有衰减地传递到后级的输入端	(1)具有良好的低频特性,可以放大变化缓慢的信号; (2)易于将全部电路集成在一片硅片上,构成集成放大电路	(1)变压器耦合电路的前后级靠磁路耦合,各级放大电路的静态工作点相互独立,便于分析、设计和调试; (2)可以实现阻抗变换
缺点	(1)阻容耦合放大电路的低频特性差,不能放大变化缓慢的信号; (2)受制于制造工艺,不便于集成化	放大电路各级之间的直流通路相连,静态工作点相互影响,电路的分析、设计和调试较为困难	(1)低频特性差,不能放大变化缓慢的信号; (2)较笨重,无法集成化
应用领域	分立元件电路	集成放大电路	分立元件功率放大电路

理论学习 2.3.2　多级放大器的工作指标

在多级放大电路中,前级电路构成后级电路的信号源,后级电路为前级电路的负载。也就是说,各级电路的工作是相互影响的。下面以图 2.23 所示的三级放大器的交流等效电路模型为例,简要讨论整个放大器工作指标的确定。

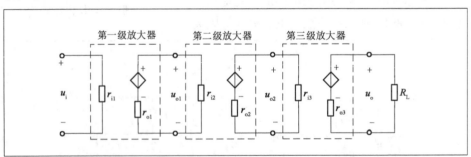

图 2.23　三级放大器的交流等效电路模型

一、输入电阻与输出电阻

观察图 2.23 所示电路可知:多级放大器的输入电阻即为首级放大器的输入电阻,多级放大器的输出电阻即为末级放大器的输出电阻。

在工程应用中,射极跟随器(共集放大器)常用作多级放大器的输入级或输出级,此举正是为了提高整个电路的输入电阻或降低整个电路的输出电阻。

二、通频带 BW

对于多级放大器,其通频带不会比其中任何一级电路的通频带更宽,用表达式表示如下:

$$BW \leqslant \min[BW_1, BW_2, \cdots, BW_n] \text{(对于 } n \text{ 级放大器)}$$

很多电子产品(如各种音视频电子产品),电路所处理的信号都存在着一定的频率覆盖范围,这就要求整个电路有足够宽的通频带,否则,信号中的各频率分量不能得到相同倍数的放大,势必形成信号失真。相应地,各级电路均要有足够宽的通频带。

三、电压放大倍数 A_u

图 2.23 所示电路的电压放大倍数为:

$$A_u = \frac{u_o}{u_i} = \frac{u_o}{u_{o2}} \times \frac{u_{o2}}{u_{o1}} \times \frac{u_{o1}}{u_i} = A_{u1} A_{u2} A_{u3} \qquad (2.14)$$

即多级放大器的电压放大倍数应等于各级放大器电压放大倍数的乘积。用表达式表示如下:

$$A_u = A_{u1} A_{u2} \cdots A_{un} \text{ 或 } G_u = G_{u1} + G_{u2} + \cdots + G_{un} \text{(对于 } n \text{ 级放大器)}$$

受各种因素的局限,单级放大器的电压增益难以做得很高。因此,在工程应用中,若要获得很高的电压增益,常采用多级放大器。

理论学习 2.3.3　反馈的基本概念

一、反馈的定义

在电子电路中,将输出电压或输出电流的一部分或全部通过一定的电路形式作用到输入回路(这个电路就叫作反馈网络),用来影响放大电路的净输入量(输入电压或输入电流)的措施称为反馈。

如图 2.24 所示,按照反馈放大电路各部分电路的主要功能可将其分为基本放大器和反馈网络两部分。前者的主要功能是放大信号,后者的主要功能是传输反馈信号。基本放大器的输入信号称为净输入量,它不但决定于输入信号(输入量),还与反馈信号(反馈量)有关。

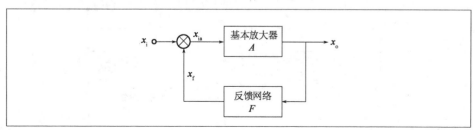

图 2.24　反馈放大器的组成框图

二、反馈极性

从本质上讲,基本放大器与反馈网络都是信号变换电路。各自的变换系数(是指输出量与输入量之比)分别为放大倍数 A 和反馈系数 F,即:$A = x_o/x_{ia}$;$F = x_f/x_o$。若 A 或 F 大于零,则说明各自的输出信号与输入信号同相;若 A 或 F 小于零,则说明各自的输出信号与输入信号反相。

反馈信号 x_f 在输入端与电路的输入信号 x_i 比较后,形成基本放大器的"净"输入信号 $x_{ia}(x_{ia} = x_i + x_f)$。这种"比较"通常分为两种情况:当 x_f 与 x_i 同相时,x_{ia} 相对于 x_i 得到增强($|x_{ia}| = |x_i| + |x_f|$),此时的反馈称为正反馈;当 x_f 与 x_i 反相时,x_{ia} 相对于 x_i 被削弱($|x_{ia}| = |x_i| - |x_f|$),这种反馈称为负反馈。

三、反馈放大器的电路类型

含有单环反馈放大器的整个电路,可用图 2.25 所示的含有单环反馈放大器的电路框图表示。根据反馈放大器在输入回路中的信号比较方式以及在输出回路中反馈网络的信号取样方式,可将反馈分为串联/并联反馈以及电压/电流反馈,组合起来有四种类型:电压串联反馈、电流串联反馈、电压并联反馈和电流并联反馈。

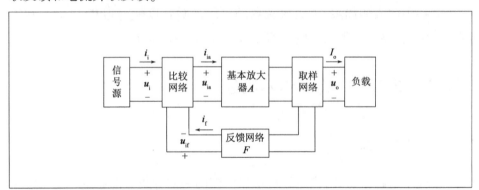

图 2.25 含有单环反馈放大器的电路框图

1. 按输入电路形式分为串联反馈与并联反馈

图 2.26 所示为反馈放大器的两种输入电路形式。

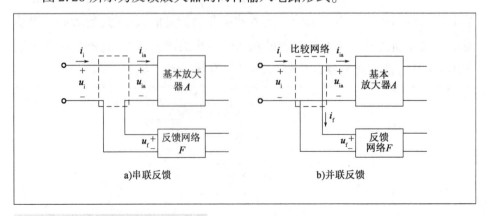

a) 串联反馈　　b) 并联反馈

图 2.26 反馈放大器的两种输入电路形式

显然,串联反馈时,反馈信号与电路输入信号的比较是以电压形式来进行的。而并联时,反馈信号与电路输入信号则是以电流形式来比较的。

在此,需要特别强调的是:图 2.26 中的参考方向标法为习惯标法,图 2.26a)中,$u_{ia} = u_i - u_f$,当 u_f 与 u_i 同相时,为负反馈,否则为正反馈;图 2.26b)中,$i_{ia} = i_i - i_f$,当 i_f 与 i_i 同相时,为负反馈,否则为正反馈。

2. 按输出电路形式分为电压反馈与电流反馈

图 2.27 所示为反馈放大器的两种输出电路形式。若将电路的输出电压作为反馈网络的信号,则为电压反馈,此时反馈信号与电路的输出电压成正比;若将电路的输出电流作为反馈网络的信号,则为电流反馈,此时的反馈信号与电路的输出电流成正比。

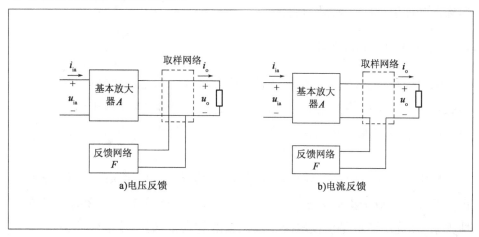

图 2.27 反馈放大器的两种输出电路形式

理论学习 2.3.4 反馈类型的判别方法

正确判断反馈的性质是研究反馈放大电路的基础。

一、有无反馈的判断

若放大电路中存在将输出回路与输入回路相连接的通路,并由此影响放大电路的净输入量,则表明电路引入了反馈;否则电路中便没有反馈。

如图 2.28a)所示电路中,集成运放的输出端与同向输入端、反向输入端均无通路,故电路中没有引入反馈。在图 2.28b)所示电路中,电阻 R_2 将集成运放的输出端与反向输入端相连接,因而集成运放的净输入量不仅决定于输入信号,还与输出信号有关,所以该电路中引入了反馈。在图 2.28c)所示电路中,虽然电阻 R 跨接在集成运放的输出端与同相输入端之间,但是因为同向输入端接地,R 只不过是集成运放的负载,而不会使 u_o 作用于输入回路,所以电路中没有引入反馈。

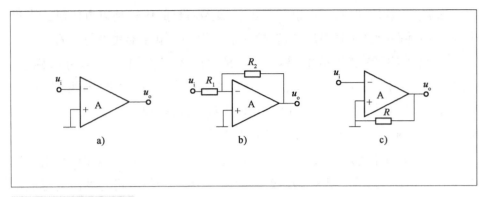

图 2.28 有无反馈的判断

由上述分析可知,有无反馈最本质的判断原则是输出量的变化是否传递到输入侧而引起净输入量的变化。

二、反馈极性的判断

瞬时极性法:规定电路的输入信号在某一时刻对地的极性,一般设为正;逐级判断电路中各相关点电流的流向和电势的极性,得到输出信号的极性,根据输出信号的极性判断出反馈信号的极性,得到反馈量与输入量的叠加关系。

最本质的判断原则是使净输入量减小的为负反馈,使净输入量增大的为正反馈,所以,对于集成运放,应注意反相输入端与同相输入端和输出端的极性关系;并且反馈量是仅仅取决于输出量的物理量,而与输出量无关。

三、直流反馈和交流反馈的判断

根据直流反馈与交流反馈的定义,可以通过反馈存在于放大电路的直流通路之中还是交流通路之中来判断电路引入的是直流反馈还是交流反馈。

理论学习 2.3.5　负反馈与放大器性能的关系

前面已分析过,对于负反馈放大器,其闭环放大倍数

$$|A_f| = = \frac{|A|}{1+|AF|} < |A| \tag{2.15}$$

即负反馈的引入将造成电路增益的下降。

环路增益 $|AF| \gg 1$,称为深度负反馈,此时 $|A_f| \approx 1/|F|$。也就是说,深度负反馈下的放大器,其闭环增益基本由反馈网络的反馈系数 F 所决定。

放大器引入负反馈后,电路的增益将下降。但与此同时,此举又能改善电路多方面的性能。下面分别加以简要说明。

一、抑制环内噪声

当负反馈放大器中的放大元器件产生噪声时,可等效为基本放大器有

一个噪声输入。那么,经过负反馈网络"回送"至输入端的反馈信号中也就包含有反相的噪声,实现了补偿作用,削弱和抑制了环内所产生的噪声。

二、改变电路的输入电阻和输出电阻

1. 输入电阻r_i的改变

串联负反馈的引入将使电路的输入电阻增大,并联负反馈的引入将使电路的输入电阻减小。

2. 输出电阻r_o的改变

电压负反馈的引入将使电路的输出电阻减小,电流负反馈的引入可使电路的输出电阻增大。

三、提高电路工作的稳定性

引入直流负反馈,可稳定电路的静态工作点。例如,分压式偏置共射放大器中的射极电阻R_E,引入了电流串联直流负反馈,电路的I_{CQ}可以稳定,进而实现了静态工作点的稳定。

引入交流负反馈,可稳定电路的增益,对应的输出量得到了稳定。

四、扩展电路的通频带

引入负反馈,电路对各种频率信号的放大能力均下降了,电路的幅频特性曲线将发生图2.29所示的变化,可见电路的通频带得到了扩展。

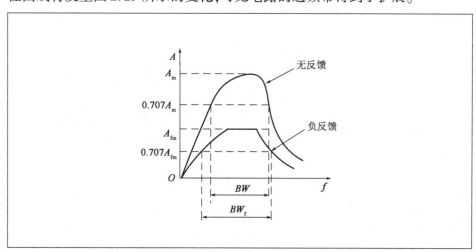

图2.29　负反馈对幅频特性曲线的影响

五、减小放大器的非线性失真

在合理设置静态工作点之后,放大器再次出现非线性失真,主要原因就在于输入信号过强。以电压放大器为例,引入电压负反馈前后的电路电压传输特性曲线如图2.30所示。负反馈的引入,使电压增益下降,但同时也扩展了不失真放大下的输入电压允许范围,也就减小了同样输入下的非线性失真。

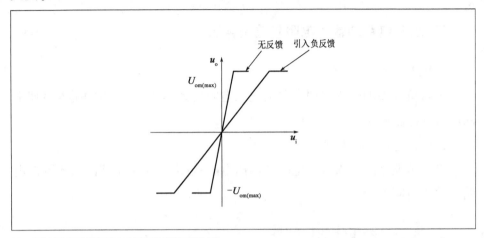

图 2.30 负反馈对电压传输特性曲线的影响

任务实训 多级放大器的制作与调试

班级:＿＿＿＿＿＿ 姓名:＿＿＿＿＿＿ 学号:＿＿＿＿＿＿ 成绩:＿＿＿＿＿＿

一、任务描述

学生分为若干组,每组提供直流稳压电源、函数信号发生器、示波器各一台,万用表及面包板各一只,所需元器件见表2.6。完成以下工作任务:

(1)清点与检测元器件;
(2)在面包板上装接多级放大器;
(3)测试多级放大器的各级静态工作点;
(4)测试多级放大器的性能指标。

二、任务实施

任务1:清点与检测元器件

根据元器件及材料清单,清点并检测元器件。将测试结果填入表2.6中,正常的填"√",如元器件有问题,及时提出并更换。将正常的元器件对应粘贴在表2.6中。

表2.6 材料清单

序号	名称	型号规格	数量	配件图号	测试结果	元件粘贴区
1	金属膜电阻器	RJ-0.25-1kΩ	1只	R_4		
2	金属膜电阻器	RJ-0.25-2.4kΩ	4只	R_2、R_7、R_8、R_L		
3	金属膜电阻器	RJ-0.25-100Ω	1只	R_3		
4	金属膜电阻器	RJ-0.25-5.1kΩ	1只	R		
5	金属膜电阻器	RJ-0.25-8.2kΩ	1只	R_f		
6	金属膜电阻器	RJ-0.25-10kΩ	1只	R_6		
7	金属膜电阻器	RJ-0.25-20kΩ	1只	R_5		
8	金属膜电阻器	RJ-0.25-680kΩ	1只	R_1		
9	电解电容器	CD-25V-100μF	2只	C_3、C_4		
10	电解电容器	CD-25V-10μF	3只	C_1、C_2、C_5		
11	电解电容器	CD-25V-22μF	1只	C_f		
12	三极管	9018	2只	V_1、V_2		
13	连接导线	—	若干	—		
14	通用面包板	—	1块	—		

任务2：在面包板上装接多级放大器

多级放大器的电路图如图2.31所示,按电路图装接电路。

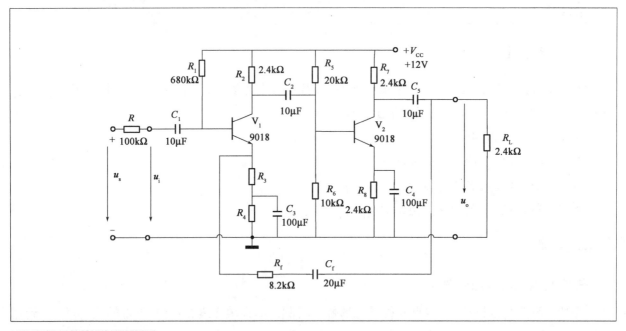

图2.31　多级放大器的电路图

任务3：测试多级放大器的各级静态工作点

接通+12V直流电源,用万用表直流电压挡测量两级电路中的晶体管各极对地电压,填入表2.7。

表2.7　各级静态工作点测试数据表

两级	$U_B(V)$	$U_E(V)$	$U_C(V)$	$U_{BEQ}(V)$	$U_{CEQ}(V)$	$I_{CQ}(mA)$	$I_{BQ}(mA)$
第一级							
第二级							

任务4：测试多级放大器的性能指标

断开反馈网络(R_f、C_f),测试基本放大器的性能指标。

接入$f=1kHz$的正弦信号源,用示波器监测波形,逐渐调大U_s,在输出最大不失真信号下,用毫伏表测量U_s、U_i、U_o,填入表2.8。再断开负载R_L,测量空载输出电压U'_o,填入表2.8,计算基本放大器的电压放大倍数$|A_u|$(带负载)、输入电阻R_i和输出电阻R_o,填入表2.8。

表2.8　放大器的电压放大倍数$|A_u|$、输入电阻R_i和输出电阻R_o的测试数据表($f=1kHz$)

放大器类别	$U_s(mV)$	$U_i(mV)$	$U_o(V)$	$U'_o(mV)$	$\|A_u\|=\dfrac{U_o}{U_i}$	$R_i=\dfrac{U_i}{U_s-U_i}R(k\Omega)$	$R_o=(\dfrac{U'_o}{U_o}-1)R_L(k\Omega)$
基本放大器							
负反馈放大器							

三、任务评价

根据任务完成情况,完成任务表2.9任务评价单的填写。

表2.9　任务评价单

【自我评价】 　　总结与反思:
实训人签字:
【小组互评】 　　该成员表现:
组长签字:
【教师评价】 　　该成员表现:
教师签字:

【实训注意事项】

(1)按装配图进行装接,不漏装、错装,不损坏元器件。

(2)元器件插接要美观,分布均匀、排列整齐、高低有序,不能歪斜。

(3)装接电解电容与三极管时,一定要注意极性。

(4)元器件排列整齐并符合工艺要求。

应知应会要点归纳

现将各部分归纳如下。

三极管的识别与检测	三极管是一种电流控制型元器件。当发射结正偏、集电结反偏时，工作于放大状态，具有电流放大功能。此时，它通过较小的基极电流变化去控制较大的集电极电流变化，且 $\dfrac{\Delta I_C}{\Delta I_B}=\beta$ 为一定值。 三极管的种类繁多，用途广泛。利用万用表的欧姆挡，可对三极管的引脚及管型进行判别。选用三极管时，应先根据具体电路的要求来确定三极管的类型，然后根据三极管的主要参数进行选择
共射极放大电路的调试	放大器是一种能够实现信号功率提升的电路。放大器的性能指标有放大倍数（或增益）、输入电阻、输出电阻、通频带等。一个放大器通常由放大元器件、偏置电路、耦合电路三部分组成。根据信号的输入、输出方式划分，晶体管放大器有共射、共基与共集三种组态。 合理设置静态工作点，可使三极管动态下工作于线性放大区，放大器获得较大的动态范围。静态工作点的调整通常通过调节基极偏置电阻来实现。 放大器的分析，可分为静态分析与动态分析两方面。放大器的分析方法通常有两种：一是图解法，二是微变等效分析法。微变等效分析法仅适用于低频小信号放大器。 温度变化将使三极管的参数发生变化，造成放大器静态工作点发生位移，影响电路工作的稳定性。通过引入分压式偏置电路或集电极—基极偏置电路，可解决这一问题
多级放大器的应用	多级放大器中的级间耦合方式通常有阻容耦合、直接耦合与变压器耦合三种。阻容耦合可使各级电路的静态工作点相互独立，但低频特性差；直接耦合时的各级电路静态工作点相互牵制，但频率特性最好，常用于集成电路；变压器耦合可使各级电路静态工作点相互独立，还可解决阻抗匹配问题，但体积大、频率特性（尤其是高频特性）差。 反馈极性有正、负之分。反馈放大器通常分为四种类型：电压串联、电压并联、电流串联与电流并联。引入负反馈，将造成放大器的增益下降，但同时能改善电路多方面的性能

知识拓展

元器件封装及焊接工艺简介

一、元器件封装

封装，就是指把硅片上的电路管脚，用导线接引到外部接头处，以便与其他器件连接。封装形式是指安装半导体集成电路芯片用的外壳，它不仅起着安装、固定、密封、保护元器件及增强电热性能等方面的作用，而且还通过半导体上的接点用导线连接到封装外壳的引脚上，这些引脚又通过印刷电路板上的导线与其他器件相连接，从而实现内部电路与外部电路的连接。一方面,封装可以使元器件与外界隔离,以防止空气中的杂质对元器件电路的腐蚀而造成电气性能下降,另一方面,封装后的元器件也更便于安装和运输。

二、表面贴装元器件

表面贴装元器件又称为贴片状元器件,主要有贴片状电阻器、电位器、电容器、电感器、二极管、三极管等。其结构、尺寸、包装形式都与传统元器件不同,尺寸不断小型化。

(1)表面贴装电阻器外形如图2.32所示。图2.32a)为矩形片形,分薄膜型(RK)和厚膜型(RN)两种;图2.32b)为圆柱形,像无引脚的色环电阻,两端为金属电极,用色环标识电阻值;图2.32c)为片状微调形;图2.35d)为排阻形,由几个单独的电阻器按一定的配置要求连接成一个组合元器件。

图2.32 表面贴装电阻器外形

(2)表面贴装电容器外形如图2.33所示,图2.33a)为钽电容,图2.33b)为铝电解电容。与普通电容器一样,表面贴装电容器种类繁多,由各种不同材料构成,封装形式也各不相同。

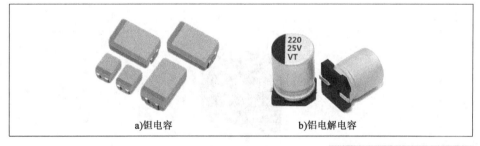

图2.33 表面贴装电容器外形

(3)表面贴装电感器外形如图2.34所示。按照结构和制造工艺的不同,表面贴装电感器有绕线式、多层式和卷绕式多种。

图2.34 表面贴装电感器外形

(4)表面贴装半导体器件外形如图 2.35 所示。图 2.35a)为三极管,图 2.35b)为集成电路。表面贴装半导体元器件简称 SMD,有不同的封装形式。

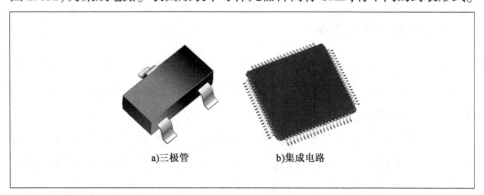

图 2.35 表面贴装半导体器件外形

三、直插式元器件

直插式是元器件的一种常用封装形式,通常分为单列直插式和双列直插式。

1. 单列直插式封装(SIP)

单列直插式封装(图 2.36),引脚从封装一个侧面引出,排列成一条直线。通常,它们是通孔式的,管脚插入印刷电路板的金属孔内。当装配到印刷基板上时封装呈侧立状。这种形式的一种变化是锯齿形单列式封装(ZIP),它的管脚仍是从封装体的一边伸出,但排列成锯齿形。这样,在一个给定的长度范围内,提高了管脚密度。引脚中心距通常为 2.54mm,引脚数从 2 至 23,多数为定制产品。封装的形状各异。也有的把形状与 ZIP 相同的封装称为 SIP。

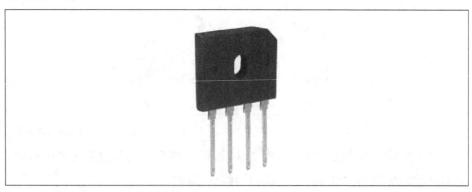

图 2.36 单列直插式封装

2. 双列直插式封装(DIP)

双列直插式封装(图 2.37)是插装型封装之一,在 20 世纪 70 年代非常流行,芯片封装基本都采用 DIP 封装,此封装形式在当时具有适合 PCB(印刷电路板)穿孔安装、布线和操作较为方便等特点。引脚从封装两侧引出,封装材料有塑料和陶瓷两种。DIP 封装的结构形式多种多样,包括多层陶瓷双列直插式 DIP、单层陶瓷双列直插式 DIP、引线框架式 DIP 等。

图 2.37 双列直插式封装

四、表面贴装工艺过程

SMT 基本工艺流程是：丝印（或点胶）→贴装→固化（烘干）→回流焊接→清洗→检测→返修。

(1)丝印。按产品上电子零件的分布，将焊膏或贴片胶漏印到 PCB（印制电路板）的焊盘上，为元器件的焊接做准备。所用设备为丝印机（丝网印刷机），位于 SMT 生产线的最前端。

(2)点胶。将胶水滴到 PCB 的固定位置上，以将元器件固定到 PCB 上。所用设备为点胶机，位于 ST 生产线的最前端或检测设备的后面。

(3)贴装。借助计算机，通过软件编程，将表面贴装元器件准确安装到已印有焊膏的 PCB 的固定位置上。所用设备为贴片机，位于 SMT 生产线中丝印机的后面。

(4)固化。将贴片胶熔化，从而使表面贴装元器件与 PCB 牢固粘接在一起。所用设备为固化炉，位于 SMT 生产线中贴片机的后面。

(5)回流焊接。根据焊膏材料的典型熔融温度曲线，设定焊接温度与速度等参数，使经过焊膏印刷与零件贴装的 PCB 上的电子零件与焊盘进行金属融化而成为一体，所用设备为回流焊炉，位于 SMT 生产线中贴片机的后面。

(6)清洗。将组装好的 PCB 上对人体有害的焊接残留物如助焊剂等除去。所用设备为清洗机，位置可以不固定，可以在线，也可不在线。

(7)检测。根据产品上电子零件分布及逻辑关系，编制专用测试软件并设计测试夹具，对贴装好的 PCB 进行包括零件位置、方向、性能、逻辑连接等的焊接质量和装配质量检测。所用设备有放大镜、显微镜、在线测试仪（ICT）、飞针测试仪、自动光学检测（AOI）、X-RAY 检测系统、功能测试仪等。根据检测的需要，检测设备可以配置在生产线合适的地方。

(8)返修。对检测出现故障的 PCB 进行返工。所用工具为烙铁、返修工作站等，可配置在生产线中任意位置。

五、从直插式元器件走向表面贴装式元器件

表面贴装技术就其本身而言,仅是一种新的电子组装技术。然而,与传统通孔插装技术相比,其却有着鲜明的特点,这些特点可分别归因于电子零件、印制电路板等。

1. 电子零件

表面贴装电子零件与通孔插装零件相比,体积与重量大大缩小,因此在同样面积的印制电路板上,可以放置10倍以上密度的电子零件,使电路功能更强大。首先,插装电阻通常占面积10m×(2~3)mm,而表面贴装电阻通常仅占面积3mm×2mm,现在甚至可做面积为0.6mm×0.3mm;插装集成电路一般面积为10mm×30mm,引脚最多只有20多个,而表面贴装集成电路在相同面积下引脚可达数百个,因此功能可大大增强。其次,由于表面贴装电子零件引脚大大减短,在加快信号传输速度的同时,也减弱了彼此间的干扰;同时,由于其体型小、重心低,防震能力普遍较强。再次,电子零件集成度的提高和工艺水平的改进,使功耗大大降低。

2. 印制电路板

由于表面贴装技术是将电子零件安装于印制电路板表面,而非插入插孔中,因而印制电路板通孔数量大大减少,使辐射干扰减轻,于是,对EM(电磁干扰)及RFI(射频干扰)所必须进行的额外屏蔽工作也可得以减轻及改善。尤为重要的是,印刷电路工艺随着表面贴装技术的兴起而发展,逐渐由多层板取代单、双层板。这样,设计者就可将信号层置于内层,而将接地层留在外面。这种将细线、密线保护在内层的做法,使电路板在可靠性及生产可行性上表现更好。况且内层板线路厚度均匀,也可获得较好的阻抗控制及辐射控制。

评价反馈

班级：_____ 姓名：_____ 学号：_____ 成绩：_____

2.1 填空（每空1分，共7分）

(1) 随着温度的上升，三极管的下列参数所发生的变化是：β_____（增大/减小），I_{CBO}_____（增大/减小），I_B不变时，发射结正向电压 V_{BE}_____（增大/减小）。

(2) 反馈放大器按输入电路的形式分类，有_____反馈与_____反馈两种；按输出电路形式分类有_____反馈与_____反馈两种。

2.2 多选（每题2分，共4分）

(1) 放大器的失真类型通常会有（　　）。
A. 频率失真　　B. 饱和失真
C. 截止失真　　D. 交越失真

(2) 放大器反馈的类型通常分为（　　）。
A. 电压串联型　B. 电流串联型
C. 电压并联型　D. 电流并联型

2.3 判断（每题2分，共8分）

(1) 只有电路既放大电流又放大电压，才称其有放大作用。（　　）

(2) 可以说任何放大电路都有功率放大的作用。（　　）

(3) 放大电路必须加上合适的直流电源才能正常工作。（　　）

(4) 由于放大的对象是变化量，所以当输入信号为直流信号时，任何放大电路的输出都毫无变化。（　　）

2.4 已知题2.4图中 $+V_{CC}=+12V$，$R_C=3k\Omega$，$\beta=100$，$r_{be}=1.4k\Omega$，现已测得静态管压降 $U_{CEQ}=6V$，估算 R_B 约为多少千欧？（11分）

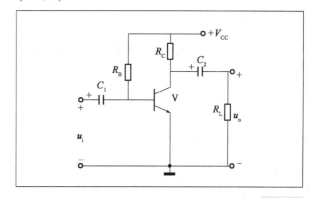

题2.4图

项目 2 教学情况反馈单

评价项目	评价内容	评价等级				得分
		优秀	良好	合格	不合格	
教学目标 （10 分）	知识与能力目标符合学生实际情况	5	4	3	2	
	重点突出、难点突破	5	4	3	2	
教学内容 （15 分）	知识容量适中、深浅有度	5	4	3	2	
	善于创设恰当情境，让学生自主探索	5	4	3	2	
	知识讲授正确，具有科学性和系统性，体现应用与创新知识	5	4	3	2	
教学方法及手段 （20 分）	教法灵活，能调动学生的学习积极性和主动性，注重能力培养	10	8	6	4	
	能恰当运用图标、模型或现代技术手段进行辅助教学	10	8	6	4	
教学过程 （30 分）	教学环节安排合理，知识衔接自然	10	8	6	4	
	注重知识的发生、发展过程，有学法指导措施，课堂信息反馈及时	10	8	6	4	
	评价意见中肯且有激励作用，帮助学生认识自我、建立信心	10	8	6	4	
教师素质 （10 分）	教态自然，语言表述清楚，富有激情和感染力	10	8	6	4	
教学效果 （15 分）	课堂气氛活跃，学生积极主动地参与学习全过程，并在学法上有收获	5	4	3	2	
	大多数学生能正确掌握知识，并能运用知识解决简单的实际问题	10	8	6	4	
总分		100	80	60	40	

老师，我想对您说	

项目3 集成运算放大电路

问题导学

1. 什么是集成运算放大电路？集成运算放大电路有什么工作特性？
2. 集成运算放大电路由哪几部分组成？各部分的作用是什么？
3. 功率放大器和运算放大器有什么区别？
4. 集成运算放大电路有哪些类型？如何选择？使用时应注意哪些问题？

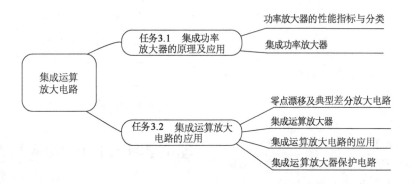

情境导入

小张在进入某半导体制造有限公司生产车间工作后，发现车间某设备因故障无法使用。经排查，小张发现该设备的一个元器件损坏，更换后，该设备工作正常。这个带有多个引脚的器件与他所学习的二极管、三极管都不相同，这让小张产生了极大的困惑。小张感到自己所掌握的知识远远不足，还需要学习更多先进的关键知识，带着困惑，小张开始了集成运算放大器相关知识的学习。

任务 3.1　集成功率放大器的原理及应用

知识目标

1. 了解低频功率放大器的基本要求和分类；
2. 了解 OTL、OCL 功率放大器的电路图。

能力目标

1. 能按工艺要求装接 OTL 电路，并调整静态工作点与中点电势；
2. 判别典型集成功率放大器的引脚；
3. 会装接带有前置放大级的 OTL 功率放大器，并能完成静态工作点与中点电势的调整；
4. 了解典型功放集成电路的引脚功能，能在面包板上按工艺要求装接典型电路，会进行性能指标的测试。

素养目标

在实训任务中，培养高效的执行能力和自信心。

看一看

什么是功率放大器？它是如何起作用的？

在图 3.1 所示电路中接入输入信号（$f=1\text{kHz}$、$U_{iPP}=50\text{mV}$），把电容器 C_2 和扬声器 R_L 支路分别并接于 B、C 端和 A、C 端，观察扬声器声音的变化情况。

想一想

若把电容器 C_2 和扬声器 R_L 支路并接于 B、C 端，扬声器基本上没有声音，并接于 A、C 端时，可听到扬声器发出清晰的声音。这说明，由 V_1 构成的共发射极放大器功率放大作用很弱，而加入由 V_2、V_3 构成的电路后，输出功率更大，即实验电路具有功率放大作用。

学一学

功率放大器与电压放大器有何区别？对功率放大器有哪些基本要求？低频功率放大器有哪些常见类型？典型的低频功率放大器是如何工作的？如何正确选用集成功率放大器？让我们进入以下学习单元吧！

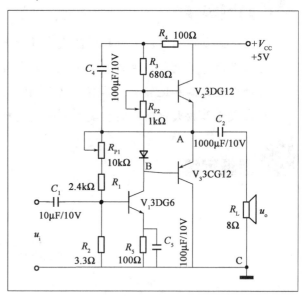

图 3.1　实验原理电路

理论学习 3.1.1　功率放大器的性能指标与分类

一、功率放大器的性能指标

通过前面的学习可以知道，共射放大电路是既放大电流又放大电压，共集放大电路是只放大电流，共基放大电路只放大电压，这些放大电路的本质是都能够通过晶体管/场效应管实现对能量的控制。从负载的输出功率与信号源的输入功率的比较可知，这些放大电路都能实现功率的放大。

根据前面的分析，事实上任何放大电路都能

实现功率的放大,功率放大电路的重要性能指标从不同的角度主要分为以下几点。

(1)输出功率:足够高的输出功率。

(2)效率:足够高的效率。

(3)失真裕度:足够大的最大不失真输出电压,且电路失真尽可能小。

二、功率放大器的分类

如图3.2所示,根据功率放大三极管(以下简称功放管)的静态工作点Q在交流负载线AB上的位置不同,功率放大器可分为甲类、乙类、甲乙类三种。

(1)甲类功放,Q点在交流负载线的中点,如图3.2a)所示。

电路特点:在输入信号的整个周期内,三极管都处于放大状态,因而输出波形几乎没有失真,但静态电流大、效率低。

(2)乙类功放,Q点在交流负载线和$I_B = 0$输出特性曲线交点处,如图3.2b)所示。

电路特点:在输入信号的整个周期内,三极管是半个周期处于放大状态,半个周期处于截止状态,因而只有半波输出,输出波形失真大,但静态电流几乎为零,效率高。如果将互补对称的两个不同类型(一个NPN型和一个PNP型)的三极管组合起来交替工作,可得到全波输出。

(3)甲乙类功放,Q点在交流负载线上略高于乙类工作点处,如图3.2c)所示。

电路特点:在输入信号的整个周期内,三极管是多于半个用期处于放大状态,不到半个周期处于截止状态,因而输出波形失真大,但静态电流较小、效率较高。如要得到全波箱盖,仍需采用互补对称的两个不同类型的三极管组合起来交替工作。

理论学习3.1.2　集成功率放大器

一、集成电路及其分类

集成电路,顾名思义,是一种将许多器件集合到一起的而具有特定功能的器件。它以半导体单晶硅为芯片,采用专门的制造工艺,把晶体管、场效应管、二极管、电阻和电容等元件及它们之间的连线所组成的完整电路制作在一起,使之具有特定的功能。集成电路具有元器件密度高、引线短、外部焊点和接线少等特点,使得电子设备体积大为减小、重量大为减轻、可靠性大为提高、装配和安装更加灵活与方便、成本大为降低,已经取代了分立元件放大电路。

集成电路具有很多种类,一般按它实现的功能、制作工艺、集成度(一块基片上所制作出的电子元器件数量)以及封装形式等来分类。

(1)按信号类别来分,有模拟集成电路、数字集成电路和模数混合集成电路。

(2)按集成电路的制作工艺分,有半导体集成电路、膜集成电路以及混合集成电路等。其中,半导体集成电路应用最为广泛,根据导电类型的不同,又将它分为双极型(放大元器件是三极管)和单极型(放大元器件是场效应管)两类。

(3)按集成电路的封装外形来分,有金属壳圆形、扁平形、单列直插式及双列直插式四类。其封装外形如图3.3所示。

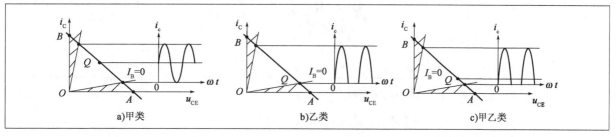

图3.2　低频功率放大器三种工作状态

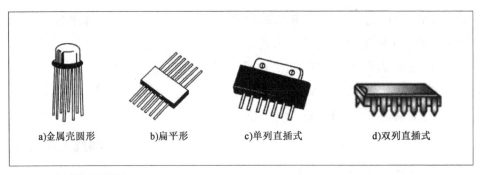

图 3.3 集成电路封装外形

(4)按集成电路的集成度来分,分为小规模集成电路、中规模集成电路、大规模集成电路、超大规模集成电路。

二、LM386 及其应用

LM386 具有体积小、工作稳定、易于安装和调试的优点,了解其外特性和外电路连接方法,就能组成各种实用电路,因而应用广泛。

1. LM386 简介

LMB86 是小功率音频集成功放。其外形如图 3.4a)所示,采用 8 脚双列直插式塑料封装。其引脚排列如图 3.4b)所示,1 脚、8 脚为增益调节端引(增益设定),2 脚为反相输入端,3 脚为正相输入端,4 脚为接地端,5 脚为输出端,6 脚为电源端,7 脚为去耦端(旁路)。当输入信号从 2 脚输入时,构成反相放大器从 3 脚输入时,构成同相放大器。其每个输入端的输入阻抗都为 50kΩ,对地直流电势接近于 0。其额定工作电压为 4~16V,当电源电压为 6V 时,静态工作电流为 4mA,很适合用电池供电。在 1 脚、8 脚之间外接电阻、电容元器件可调节电压增益;频响范围较宽,可达数百千赫;最大允许功耗为 660mW(25℃),且不用散热片。工作电压为 4V,负载电阻为 42Ω 时,输出功率(失真为 10%)是 300mW;工作电压为 6V,负载电阻为 4Ω、8Ω、16Ω 时,输出功率分别是 340mW、325mW、180mW。

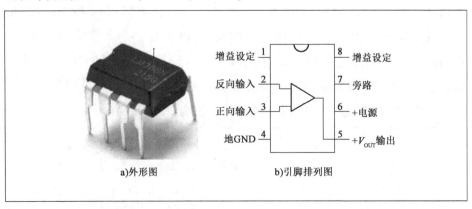

图 3.4 LM386 外形及引脚排列

2. 用 LM386 组成 OTL 应用电路

图 3.5 所示是用 LM386 组成的 OTL 应用电路。2 脚接地,信号从同相输

入端3脚输入,5脚通过220μF电容向扬声器R提供信号功率。7脚接20μF去耦电容,也可不用。1脚、8脚之间接10μF电容和20kΩ电位器,用来调节增益;电阻越小,电压增益越大;这两脚间也可开路使用。5脚所接电阻、电容串联网络是为防止电路自激振荡,常可省去,即LM386做音频功放时,最简单的电路只需要外接输出电容和扬声器。如需要更高增益,可在1脚、8脚之间再接一只10μF的电容。

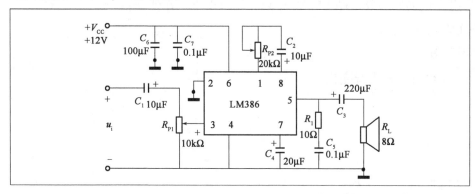

图3.5 用LM386组成的OTL电路

3. 用LM386组成BTL应用电路

图3.6所示是用LM386组成的BTL电路。两集成功放LM386的4脚接地,6脚接电源,3脚与2脚互为短接,输入信号从一组(3脚和2脚)输入,负载R_L接在两5脚之间。BTL电路的输出功率一般为OTL、OCL的4倍,是目前大功率音响电路中较为流行的音频放大器。图中电路最大输出功率可达3W以上。其中,500kΩ电位器用来调整两集成功放输出直流电势的平衡,一般情况下,输出端电势相差不大,该电位器可省去。

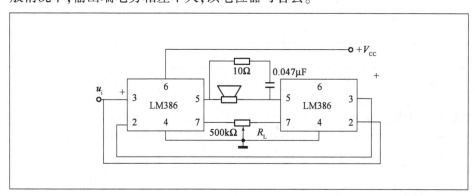

图3.6 用LM386组成的BTL电路

任务实训 LM386的识读与应用

班级：_____ 姓名：_____ 学号：_____ 成绩：_____

一、任务描述

学生分为若干组，每组提供集成功放产品 LM386 一只。完成以下工作任务：

(1) 查阅资料，识读 LM386 的引脚；

(2) 画出 LM386 的引脚分布；

(3) 改变 u_i 输入电压，观察扬声器声音变化。

二、任务实施

任务1：

查阅资料，识读 LM386 的引脚，填写表3.1。

表3.1 集成功放的引脚号与引脚功能

引脚号	引脚功能
1	
2	
3	
4	
5	
6	
7	
8	

任务2：

在图 3.7 中画出 LM386 的引脚分布。

图 3.7 引脚排列时示意图

任务3：

准备电阻若干，电容若干，直流稳压电源一台（可输出 +12V 电压），信号发生器一台，扬声器一个，依据图 3.7，改变 u_i 输入电压，观察扬声器的声音变化。

三、任务评价

根据任务完成情况,完成任务表 3.2 任务评价单的填写。

表 3.2 任务评价单

【自我评价】
总结与反思: 实训人签字:
【小组互评】
该成员表现: 组长签字:
【教师评价】
该成员表现: 教师签字:

任务 3.2　集成运算放大电路的应用

知识目标

1. 掌握零点漂移及其抑制措施；
2. 掌握集成运放的符号及元器件的引脚功能；
3. 了解集成运放的主要参数，了解集成运放的理想特性。

能力目标

1. 具备识读集成运放电路引脚的能力；
2. 具备识读由理想集成运放构成的常用电路的能力；
3. 具备装接和测试集成运放组成的应用电路的能力。

素养目标

通过完成集成运算电路制作与测试的工作任务，培养分析问题、解决问题、学以致用的职业素养，在解决问题的过程中，坚持发扬奋斗精神。

读一读

集成放大电路最初多用于各种模拟信号的运算（如比例、求和、求差、积分、微分等）上，故被称为运算放大电路，简称集成运放。自 20 世纪 60 年代以来，集成运算放大器被广泛应用，它已成为线性集成电路中品种和数量最多的一类。

学一学

集成运算放大器为什么有上述特性呢？它还有哪些其他特性？它可构成哪些常用电路？如何正确选用它呢？让我们进入以下学习单元吧！

理论学习 3.2.1　零点漂移及典型差分放大电路

一、零点漂移

对于直接耦合放大器，在输入端短路（输入信号为零）时，输出电压不为零（或起始值），而是产生偏离并上下漂动的现象称为零点漂移，简称零漂，如图 3.8 所示。

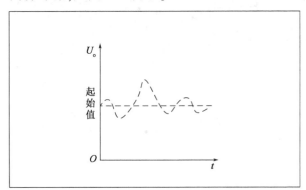

图 3.8　零点漂移现象

产生零漂的原因主要有电源电压波动、温度变化、元器件老化等，其中温度变化是最主要的因素。在高放大倍数的多级直接耦合放大器中，各级的零漂会被逐级放大，在末级输出端产生较大的漂移电压，使信号电压和漂移电压无法区分，严重时漂移电压甚至可以淹没信号电压。

因此，抑制零漂是直接耦合放大器所必须解决的问题，其中因第一级的零漂被放大的倍数最大，对输出信号电压的影响最大，所以抑制第一级零漂的意义也最大。抑制零漂的有效措施通常是在直接耦合多级放大器的第一级采用差分放大器(又称差动放大器)。

二、典型差分放大电路

图3.9所示为典型差分放大电路。它由两个特性相同的单管放大器组成,元器件参数对应相等,电路结构对称:由两组电源供电,两管的发射极接有共用的发射极电阻R_e,输入信号由两管的基极输入,输出信号由两管的集电极输出。因电路完全对称,所以在没有输入信号即$u_i = 0$时,有$i_{c1} = i_{c2}$,$u_{o1} = u_{o2}$,输出$u_o = u_{o1} - u_{o2} = 0$。当温度变化时,根据对称原则,两管输出电压的变化量相等,使$u_{o1}' = u_{o2}'$,输出电压$u_o' = u_{o1}' - u_{o2}' = 0$。可见,两管的零漂在输出端相互抵消,从而有效地消除了整个放大器输出端的零漂。为了衡量差分放大器放大差模信号及抑制共模信号的能力,引入了共模抑制比,用K_{CMR}表示。其定义式为

$$K_{CMR} = 20\lg \left| \frac{A_{ud}}{A_{uc}} \right| \quad (3.1)$$

其中,A_{ud}为差分放大器的差模放大倍数,代表差分放大器对差模信号的放大能力;A_{uc}为差分放大器的共模放大倍数,代表差分放大器对共模信号的放大能力。

所谓差模信号,即大小相等而极性相反的两个信号。在图3.9所示电路中,输入信号经R_1和R_2被分解为u_{i1}和u_{i2},且$u_{i1} = -u_{i2} = \frac{u_i}{2}$,作为差模信号输入放大器放大。

所谓共模信号,即大小相等且极性相同的两个信号。在图3.9所示电路中,温度对两个单管放大器产生的影响,相当于给它们加入了一组共模输入信号。

共模抑制比K_{CMR}越大,差分放大器的性能越好。理想差分放大器的K_{CMR}为无穷大,即其A_{uc}为零。

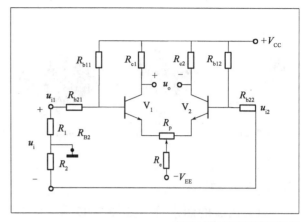

图3.9 典型差分放大电路

理论学习3.2.2 集成运算放大器

一、结构

集成运放是一种内部采用直接耦合的集成电路,具有高放大倍数。它的内部电路包括输入级、中间级和输出级三个部分,如图3.10所示。输入级采用差分放大器来抑制零点漂移,中间级采用多级共发射极放大器来提供高电压放大倍数,输出级常采用射极输出器等电路来提供较大的输出功率并提高电路的负载能力。

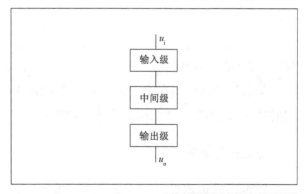

图3.10 集成运放结构框图

二、外形和符号

集成运放的封装外形如图3.11所示,主要有圆壳式、双列直插式和扁平式。国产集成运放的封装外形主要采用圆壳式和双列直插式。

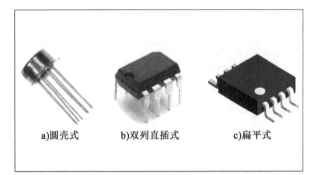

图 3.11 集成运放的封装外形

集成运放的图形符号如图 3.12 所示。图中"▷"代表信号的传输方向;"∞"代表理想情况下的开环差模电压增益 $A_{ud} = \dfrac{u_o}{u_{id}}$ 无穷大;信号传输端钮有三个:反相输入端用"-"表示,同相输入端用"+"表示,输出端用"+"表示。如信号由同相输入端输入,则输出信号与输入信号同相;如信号由反相输入端输入,则输出信号与输入信号反相。集成运放的引脚有多个,在画原理电路图时,通常只画出输入端和输出端。

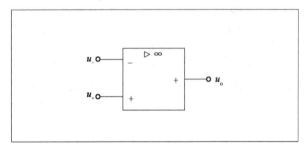

图 3.12 集成运放的图形

集成运放的引脚多少主要取决于其内部电路的功能,使用时要注意引脚顺序及功能。

三、主要参数

评价集成运放性能的参数很多,以下为主要参数。具体的参数值可根据运放的型号,从产品手册中查阅。

1. 输入电阻 r_i 和输出电阻 r_o

r_i 是指集成运放开环情况下两输入端之间对差模输入信号所体现出的动态电阻。其理想值为无穷大,实际值为几百千欧至几兆欧。该参数大的电阻运放性能好。

r_o 是指集成运放开环下的输出端对地的动态电阻。其理想值为零,实际产品的典型值为几十欧。该参数小的电阻运放性能好。

2. 共模抑制比 K_{CMR}

$K_{CMR}(dB)$ 通常表示为对数形式,K_{CMR} 的大小体现了集成运放抑制零点漂移的能力强弱。它的理想值为无穷大,实际值通常可达 80dB 以上。

3. 开环差模电压增益 A_{udo}

A_{udo} 是指集成运放在无外加反馈的开环情况下,工作于线性区时对差模信号的电压增益,通常表示成对数形式 $20\lg A_{udo}(dB)$。集成运放构成运算电路时很少开环使用,一般都要外加反馈网络。因此,该参数更多地用来反映运算精度,A_{udo} 越大,运算精度就越高。该参数的理想值为无穷大,实际产品的典型值为 100~120B。

4. 开环带宽 BW

BW 是指开环下,集成运放的差模电压增益随信号频率升高而下降 3dB 所对应的带宽。

四、集成运算放大器的"虚短"和"虚断"

集成运放在性能上有一些突出的特点,如开环电压增益 A_{uo} 极高,可达数百万甚至数千万。输入电阻很大,一般在几百千欧到数兆欧。输出电阻很小,仅在几十到数百欧之间。共模抑制比 K_{CMR} 很高,可达近百分贝等。由于这些特点,实用中,常常把它近似看成"理想运放",这样可大大简化对电路的分析。运放主要参数的理想值如下:(1)开环差模电压增益 $A_{udo} \to \infty$;(2)输入电阻 $r_i \to \infty$;(3)输出电阻 $r_o = 0$;(4)共模抑制比 $K_{CMR} \to \infty$;(5)带宽 BW 从 $0 \to \infty$。

通常,在分析运算电路时均假设集成运放为理想运放,因而其两个输入端的净输入电压和净输入电流均为零,即具有"虚短路"和"虚断路"两个特点,这是分析运算电路输出电压与输入电压运算关系的基本出发点。在运算电路中,无论是输入电压,还是输出电压,均对"地"而言。

1. 虚短

运放线性工作时的差模输出电压 $u_{od} = u_{id} A_{udo} = (u_+ - u_-)A_{udo}$,由于运放的开环差模电压增益很大,且输出电压总是小于电源电压,故有 $u_+ \approx u_-$。两输入端相当于短路,但不是真正的短路,故称为"虚短"。

2. 虚断

由于运放的输入电阻很大,两输入端之间的电势差又很小,这样,运放输入端电流很小,$i_+ \approx i_- \approx 0$。两输入端相当于断路,但不是真正的断路,故称为"虚断"。

"虚短"和"虚断"是运放线性应用时的重要特性,也是对运放应用电路做分析的重要依据。

需要说明的是:"虚短"只适用于运放的线性工作,而"虚断"则适用于运放的线性和非线性工作。

理论学习 3.2.3 集成运算放大电路的应用

一、比例运算电路

1. 同相比例运算电路

(1) 电路的组成。

图 3.13 所示为同相比例运算电路。电路采用同相输入方式,R_1、R_2 引入深度电压串联负反馈以使集成运放工作于线性区,$R_2 = R_1 // R_f$。

(2) 电路的工作原理。

由"虚断"和"虚短"易得:$i_1 \approx i_f, u_+ \approx u_- \approx u_i$(说明该电路中集成运放的两输入端有共模信号输入)。

因为 $i_1 = \dfrac{u_-}{R_1} = \dfrac{u_i}{R_1}, i_f = \dfrac{u_o - u_i}{R_f}$,

而 $i_1 \approx i_f$,则有 $\dfrac{u_i}{R_1} = \dfrac{u_o - u_i}{R_f}$,

所以 $u_o = \left(1 + \dfrac{R_f}{R_1}\right) u_i$,闭环增益 $A_{uf} = 1 + \dfrac{R_f}{R_1}$($u_o$ 与 u_i 同相)。

(3) 电路的特例——电压跟随器。

若电路的输出电压等于输入电压,即 $u_o = u_i$,则该电路就称为电压跟随器。

图 3.13 所示的同相比例运算电路,若要构成电压跟随器,须满足条件 $A_{uf} = 1 + \dfrac{R_f}{R_1} = 1$,这样就得到了图 3.14 所示的电路(实用中 $R_f = 0$、$R_1 \neq 0$ 或 $R_f \neq 0$、$R_1 = \infty$ 也可实现电压跟随器的功能)。

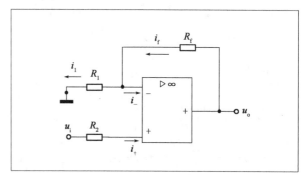

图 3.13 同相比例运算电路

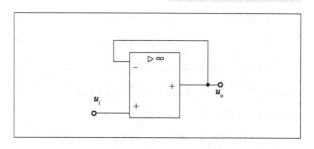

图 3.14 电压跟随器

电压跟随器以其电压跟随性好、输入电阻极大、输出电阻极小等优点,在电子线路中得到了广泛的应用。

2. 反相比例运算电路

(1) 电路的组成。

图 3.15 所示为反相比例运算电路。该电路的放大元器件为集成运放,R_f、R_1 引入深度电压并联负反馈,以使集成运放工作于线性区。

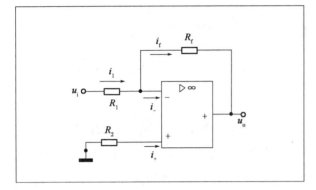

图 3.15　反相比例运算电路

（2）电路的工作原理。

由"虚断"知：$i_- \approx 0$，则 $i_1 \approx i_f$，$i_+ \approx 0$，则 $u_+ = -R_2 i_+ \approx 0$。

由"虚短"知：$u_+ \approx u_- \approx 0$。反相输入端并没有接地，却具有接地的特点，这一性质称为"虚地"。"虚地"是工作于线性区的理想集成运放仅采用反相输入时的一个重要特性。

因为 $u_- \approx 0$，则 $i_1 = \dfrac{u_i}{R_1}$，$i_f = \dfrac{u_o}{R_f}$。

而 $i_1 \approx i_f$，则有 $\dfrac{u_i}{R_1} = -\dfrac{u_o}{R_f}$，

所以 $u_o = -\dfrac{R_f}{R_1} u_i$，闭环增益 $A_{uf} = -\dfrac{R_f}{R_1}$（"－"号说明 u_o 与 u_i 反相）。

还要说明的是：该电路中的集成运放输入端电势 $u_+ \approx u_- \approx 0$，故没有共模输入信号。为改善电路性能，集成运放两输入端在外电路中的对地交流电阻要尽可能相等，这也就是 R_2 存在的原因。显然，$R_2 = R_1 // R_f$。

（3）电路的特例——反相器。

若 $u_o = -u_i$，这种电路就称为反相器。

图 3.15 所示电路中，只要满足条件 $R_1 = R_f$，$R_2 = R_1 // R_f = \dfrac{1}{2} R_f$，即可构成反相器。同时，为提高电路的输入电阻，$R_f$ 通常取得比较大。

二、差分输入运算电路

1. 电路的组成

图 3.16 所示为差分输入的减法运算电路。集成运放的两个输入端均有输入信号作用，R_1、R_f 引入深度电压负反馈，以使集成运放工作于线性区，$R_2 // R_3 = R_1 // R_f$。

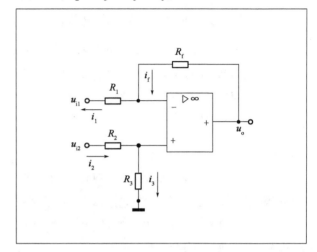

图 3.16　差分输入的减法运算电路

2. 电路的工作原理

由"虚断"知：$i_2 = i_3 = \dfrac{u_{i2}}{R_2 + R_3}$，$i_1 = i_f = \dfrac{u_o - u_-}{R_1 + R_f}$。

由"虚短"知：$u_- = u_+$。

可得 $R_3 \dfrac{u_{i2}}{R_2 + R_3} = R_1 \dfrac{u_o - u_{i1}}{R_1 + R_f} + u_{i1} = \dfrac{R_1}{R_1 + R_f} u_o + \dfrac{R_f}{R_1 + R_f} u_{i1}$，所以

$$u_o = \dfrac{R_1 + R_f}{R_1} \left(\dfrac{R_3}{R_2 + R_3} u_{i2} - \dfrac{R_f}{R_1 + R_f} u_{i1} \right)$$

若取 $R_1 = R_2$，$R_3 = R_f$，则有

$$u_o = \dfrac{R_f}{R_1} (u_{i2} - u_{i1})$$

特例：当 R_1、R_2、R_3、R_f 取值相等时，$u_o = u_{i2} - u_{i1}$，实现两输入量的直接相减。

三、加法运算电路

1. 同相输入的加法运算电路

（1）电路的组成

图 3.17 所示为同相输入的加法运算电路。电路采用同相输入方式，R_4、R_f 引入电压串反馈，以使集成运放工作于线性区，$R_1 // R_2 // R_3 = R_4 // R_f$（通常取 $R_1 // R_2 = R_4$，$R_3 = R_f$）。

(2)电路的工作原理

由"虚断"知:$i_1 + i_2 = i_3$,即

$$\frac{u_{i1} - u_+}{R_1} + \frac{u_{i2} - u_+}{R_2} = \frac{u_+}{R_f} \Rightarrow \left(\frac{1}{R_1} + \frac{1}{R_2} + \frac{1}{R_3}\right) u_+ = \frac{u_{i1}}{R_1} + \frac{u_{i2}}{R_2}$$

$$u_+ = \frac{\dfrac{u_{i1}}{R_1} + \dfrac{u_{i2}}{R_2}}{\dfrac{1}{R_1} + \dfrac{1}{R_2} + \dfrac{1}{R_3}} = \left(\frac{u_{i1}}{R_1} + \frac{u_{i2}}{R_2}\right)(R_1 // R_2 // R_3)$$

参照同相比例运算电路的分析,易得

$$u_o = \left(1 + \frac{R_f}{R_4}\right) u_+ = \left(1 + \frac{R_f}{R_4}\right) \left(\frac{u_{i1}}{R_1} + \frac{u_{i2}}{R_2}\right)(R_1 // R_2 // R_3)$$

若取$R_1 // R_2 = R_4, R_3 = R_4$,可得

$$u_o = \frac{R_f}{R_1} u_{i1} + \frac{R_f}{R_2} u_{i2}$$

特例:当R_1、R_2、R_f取值相等时,$u_o = u_{i1} + u_{i2}$,实现输入信号的同相直接相加。

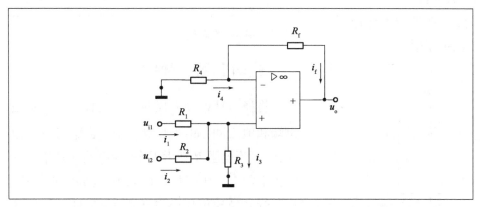

图3.17 同相输入的加法运算电路

2. 反相输入的加法运算电路

(1)电路的组成

图3.18所示为反相输入的加法运算电路。R_1、R_2、R_f引入深度电压并联负反馈以使集成运放工作于线性区,$R_3 = R_1 // R_2 // R_f$。

(2)电路的工作原理

由"虚断"知:$i_1 + i_2 = i_f$。

由反相输入时的"虚地"特性知:$u_- \approx 0$,则$\dfrac{u_{i1}}{R_1} + \dfrac{u_{i2}}{R_2} = -\dfrac{u_o}{R_f}$。这样

$$u_o = -\left(\frac{R_f}{R_1} u_{i1} + \frac{R_f}{R_2} u_{i2}\right)$$

特例:当R_1、R_2、R_f取值相等时,$u_o = -(u_{i1} + u_{i2})$,实现输入信号的反相直接相加。

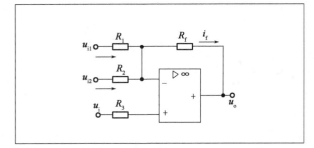

图3.18 反相输入的加法运算电路

理论学习3.2.4 集成运算放大器保护电路

一、电源极性的保护

利用二极管的单向导电性,可有效防止由于电源极性接反而造成运放的损坏。如图3.19所示,当电源极性接反时,二极管均不导通,相当于电源断路,从而起到保护作用。

运算放大器

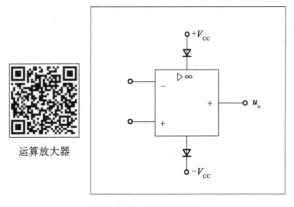

图3.19 电源极性保护

二、输入端限幅保护

利用二极管的限幅作用对输入信号幅度加以限制,可有效防止因输入信号幅度过高造成运放的输入级击穿而损坏。如图3.20所示,一旦输入信号幅度超限,二极管 V_1 或 V_2 就会导通,确保运放的净输入信号幅度不大于二极管的正向压降,起到了保护作用。

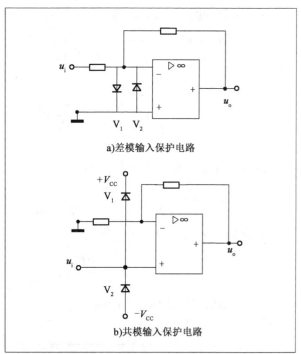

a) 差模输入保护电路

b) 共模输入保护电路

图3.20 输入端限幅保护电路

三、输出端限幅保护

将稳压管 V_1 和 V_2 反向串联后接在运放的输出端和地之间,如图3.21所示,若输出电压过高,经限流电阻 R,使稳压管击穿,将运放输出端电压限制在稳压管稳压值以内,起到保护作用。稳压管的稳压值应略高于最大输出电压,以免影响正常工作。

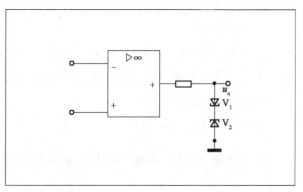

图3.21 输出端限幅保护电路

任务实训 集成运算放大电路的制作与测试

班级：_____ 姓名：_____ 学号：_____ 成绩：_____

一、识别运放元器件

学生分为若干组，每组提供集成运放产品 CF741、OP07、CF747、LM324 各一个。完成以下任务：

任务 1：查阅资料，识读集成运放的引脚，填写表 3.3。

表 3.3 集成运放的引脚与功能

型号	引脚号与引脚功能符号
CF741	
OP07	
CF747	
LM324	

任务 2：补齐 CF741 和 LM324 的引脚排列示意图，完成图 3.22 的绘制。

任务 3.2 任务实训

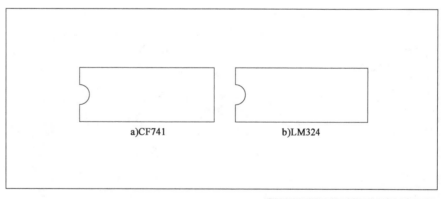

图 3.22 集成运放的引脚排列示意图

二、制作与测试集成运放基本运算电路

学生分为若干组，每组提供实训设备与器材一套，包括：通用面包板一块，双踪示波器一台，函数信号发生器一台，双路直流稳压电源压电源一台，LM324 集成运放一个，电阻若干，镊子一把，导线若干。完成以下任务：

(1) 搭接图 3.15 所示的基本运算电路；

(2) 观察基本运算电路输入电压与输出电压的变形，测试并比较其数值关系。

三、任务评价

根据任务完成情况,完成任务表3.4任务评价单的填写。

表3.4 任务评价单

【自我评价】 　　总结与反思: 　　　　　　　　　　　　　　　　　　　　　　　　　　　　　　　　　　实训人签字:
【小组互评】 　　该成员表现: 　　　　　　　　　　　　　　　　　　　　　　　　　　　　　　　　　　　组长签字:
【教师评价】 　　该成员表现: 　　　　　　　　　　　　　　　　　　　　　　　　　　　　　　　　　　　教师签字:

【实训注意事项】

(1)搭接电路时,要先接线,后查线,最后上电。

(2)注意运算放大器供电电压范围。

(3)元器件搭接整齐并符合工艺要求。

应知应会要点归纳

现将各部分归纳如下。

集成功率放大器的原理及应用	放大电路放大的特征是功率放大,功率放大的本质是能量的控制与变换,根据静态工作点 Q 在交流负载线上的位置,可将功率放大器分为甲类、乙类、甲乙类三种。 集成电路是用各种不同的方法,把许多三极管等半导体元器件、电阻、电容以及连接导线等集中制造在一小块半导体基片上而形成具有特定功能的电路元器件。 LM386 是一种音频集成功放,是具有自身功耗低、更新内链增益可调整、电源电压范围大、外接元件少和总谐波失真小等优点的功率放大器,广泛应用于录音机和收音机之中
集成运算放大电路的应用	集成运算放大器是一种具有高电压放大倍数的直接耦合放大器,主要由输入、中间、输出三部分组成。输入部分是差动放大电路,有同相和反相两个输入端:前者的电压变化和输出端的电压变化方向一致,后者则相反。中间部分提供高电压放大倍数,经输出部分传到负载。 集成运放的封装外形主要有圆壳式、双列直插式和扁平式。国产集成运放的封装外形主要采用圆壳式和双列直插式。 集成运放的信号传输端钮有三个:反相输入端用"−"表示,同相输入端用"+"表示,输出端用"+"表示。如信号由同相输入端输入,则输出信号与输入信号同相;如信号由反相输入端输入,则输出信号与输入信号反相。集成运放的引脚有多个,在画原理电路图时,通常只画出输入端和输出端。 "虚短",由于运放的开环差模电压增益很大,且输出电压总是小于电源电压,故有 $u_+ \approx u_-$。两输入端相当于短路,但不是真正的短路,故称为"虚短"。 "虚断",由于运放的输入电阻很大,两输入端之间的电势差又很小,这样,运放输入端电流很小,$i_+ \approx i_- \approx 0$。两输入端相当于断路,但不是真正的断路,故称为"虚断"。 "虚短"和"虚断"是运放线性应用时的重要特性,也是对运放应用电路做分析的重要依据

知识拓展

部分运算放大器型号

型号	类型	型号	类型
CA3130	高输入阻抗运算放大器	CA3140	高输入阻抗运算放大器
CD4573	四可编程运算放大器	MC14573，ICL7650	斩波稳零放大器
LF347	带宽四运算放大器	KA347，LF351BI-FET	单运算放大器
LF353BI-FET	双运算放大器	LF356BI-FET	单运算放大器
LF357BI-FET	单运算放大器	LF398	采样保持放大器
LF411BI-FET	单运算放大器	LF412BI-FET	双运算放大器
LM124	低功耗四运算放大器	LM1458	双运算放大器
LM148	四运算放大器	LM224J	低功耗四运算放大器（工业档）
LM2902	四运算放大器	LM2904	双运算放大器
LM301	运算放大器	LM308	运算放大器
LM308H	运算放大器（金属封装）	LM318	高速运算放大器
LM324，LM348	四运算放大器	HA17324，KA324	四运算放大器
LM358	通用型双运算放大器	HA17358，LM380	音频功率放大器
LM386-1，LM386-3	音频放大器	NJM386D，UTC386	音频放大器
LM386-4	音频放大器	LM3886	音频大功率放大器
LM3900	四运算放大器	LM725	高精度运算放大器
LM733	带宽运算放大器	LM741	通用型运算放大器
HA17741，MC34119	小功率音频放大器	NE5532	高速低噪声双运算放大器
NE5534	高速低噪声单运算放大器	TL062BI-FET	双运算放大器
TL064BI-FET	四运算放大器	NE592	视频放大器
OP07-CP	精密运算放大器	OP07-DP	精密运算放大器
TBA820M	小功率音频放大器	TL061BI-FET	单运算放大器
TL072BI-FET	双运算放大器	TL074BI-FET	四运算放大器
TL081BI-FET	单运算放大器	TL082BI-FET	双运算放大器

评价反馈

班级：_____ 姓名：_____ 学号：_____ 成绩：_____

3.1 填空（每题1分，共6分）

根据下列要求，将优先考虑使用的集成运放填入空内。已知现有集成运放的类型是：

①通用型；②高阻型；③高速型；④低功耗型；⑤高压型；⑥大功率型；⑦高精度型。

作低频放大器，应选用_____。

作宽频带放大器，应选用_____。

作幅值1μV以下微弱信号的测量放大器，应选用_____。

作内阻为100kΩ信号源的放大器，应选用_____。

负载需5A电流驱动的放大器，应选用_____。

宇航仪器中所用的放大器，应选用_____。

3.2 选择（每题2分，共6分）

(1)通用型集成运放适用于放大_____。

A.高频信号　　　　B.低频信号

C.任何频率信号

(2)集成运放输入端采用差分放大电路可以_____。

A.减少温漂　　　　B.增大放大倍数

C.提高输入电阻

(3)集成运放电路采用直接耦合方式是因为_____。

A.可获得很大的放大倍数

B.可使温漂小

C.集成工艺难于制造大容量电容

3.3 问答（每题4分，共8分）

(1)功放有哪些常见类型？

(2)既然反相比例运算电路中，反相输入端是"虚地"，可否把它直接接地使用？为什么？

3.4 电路如题3.4图所示，已知 $R_1 = 1\text{k}\Omega$，$R_2 = R_f = 2\text{k}\Omega$，$R_3 = 9\text{k}\Omega$。试求：(1) u_o 的表达式；(2) 当 $u_{i1} = 4\text{V}$，$u_{i2} = -1\text{V}$，u_o 为多少伏？(10分)

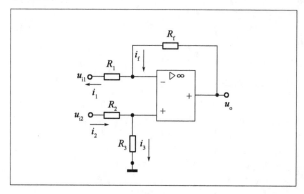

题3.4图

项目3 教学情况反馈单

评价项目	评价内容	评价等级				得分
		优秀	良好	合格	不合格	
教学目标 （10分）	知识与能力目标符合学生实际情况	5	4	3	2	
	重点突出、难点突破	5	4	3	2	
教学内容 （15分）	知识容量适中、深浅有度	5	4	3	2	
	善于创设恰当情境，让学生自主探索	5	4	3	2	
	知识讲授正确，具有科学性和系统性，体现应用与创新知识	5	4	3	2	
教学方法及手段 （20分）	教法灵活，能调动学生的学习积极性和主动性，注重能力培养	10	8	6	4	
	能恰当运用图标、模型或现代技术手段进行辅助教学	10	8	6	4	
教学过程 （30分）	教学环节安排合理，知识衔接自然	10	8	6	4	
	注重知识的发生、发展过程，有学法指导措施，课堂信息反馈及时	10	8	6	4	
	评价意见中肯且有激励作用，帮助学生认识自我、建立信心	10	8	6	4	
教师素质 （10分）	教态自然，语言表述清楚，富有激情和感染力	10	8	6	4	
教学效果 （15分）	课堂气氛活跃，学生积极主动地参与学习全过程，并在学法上有收获	5	4	3	2	
	大多数学生能正确掌握知识，并能运用知识解决简单的实际问题	10	8	6	4	
总分		100	80	60	40	
老师，我想对您说						

项目4
高频信号的观测与处理

 **问题导学**

1. 什么是高频信号？如何定义高频？
2. 高频信号如何产生？有哪些常见的高频信号？
3. 高频信号有哪些应用场合？高频信号会对哪些电路的正常工作产生不利影响？
4. 什么是正弦波振荡器？
5. 什么是调制与解调？
6. 生活中常见的高频信号使用事例有哪些？

 **思维导图**

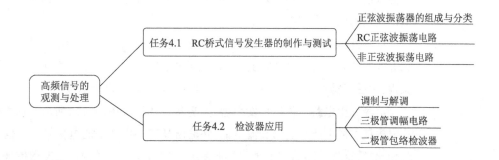

 情境导入

信号的高频化是工业技术发展的趋势，高频信号的产生与处理是电子技术的重要应用，掌握该方面知识有利于青年学生更好地锤炼自身技能，为报效祖国做好知识储备。小张想要认真学习高频信号产生与处理的方法，为今后的工作奠定良好基础，他认真学习正弦波与非正弦波相关知识，掌握检波器与鉴频器的相关原理与使用方法。

任务 4.1　RC 桥式信号发生器的制作与测试

知识目标

1. 掌握正弦波振荡器的组成及分类；
2. 掌握非正弦的常见发生电路。

能力目标

掌握 RC 桥式信号发生器的发生方法。

素养目标

培养在工作中团结协作的职业素养，树立把我国建成社会主义现代化强国的坚定信念。

读一读

电子技术实际应用中的单元电路大体可分为两类：一类是信号处理电路，即改变输入信号特征的电路；另一类是信号发生电路，即产生并输出稳定的、随时间呈周期性变化的电信号的电路。

信号处理电路的框图如图 4.1a)所示，主要是将信号源发出的信号进行放大、检波等方式的处理，得到所需的信号。识读时，首先要了解该电路的特点和基本工作流程，然后根据电路中各关键元器件的作用、功能特点进行识读。

信号发生电路又称信号发生器、振荡器，其框图如图 4.1b)所示。这类电路将直流电源提供的电能转变为交流电能，并输出具有一定特征的电信号。与信号处理电路相比较，这类电路的一个显著区别在于：它没有电信号的输入，仅靠信号发生电路自身的供电电压即产生相应信号。信号发生器广泛应用于测量、自动控制、通信、广播及遥控等技术领域。

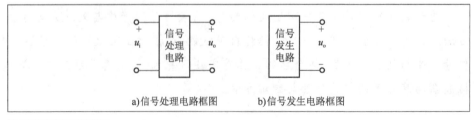

图 4.1　信号电路框图

信号发生器的种类很多。按其输出信号的波形来分，有正弦波振荡器和非正弦波(如方波、三角波、锯齿波、脉冲序列等)信号发生器两大类；按其输出信号的频率高低来分，有超低频(0.0001~1Hz)信号发生器、低频(1Hz~1MHz)信号发生器、中频(20Hz～10MHz)信号发生器、高频(100Hz～30MHz)信号发生器、甚高频(30～300MHz)信号发生器和超高频(300MHz以上)信号发生器。正弦波振荡器作为一种基本的信号源,得到了广泛的应用。利用波形变换电路,也可将正弦波转换为其他波形。

看一看

教师应用函数信号发生器(图4.2)进行实验演示:

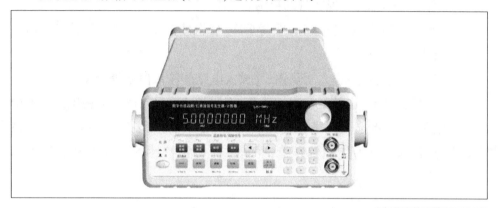

图4.2 函数信号发生器

(1)教师任选一功能齐全的函数信号发生器,并将函数信号发生器与示波器相连;

(2)将函数信号发生器的波形选择功能键切换至"正弦波",调节"频段选择"和"幅度调节"控制键,用示波器观察u_o波形的变化;

(3)将函数信号发生器的波形选择功能键切换至"三角波",调节"频率选择"和"幅度调节"控制键,用示波器观察u_o波形的变化。

想一想

什么是正弦波？什么是三角波？正弦波的频率是指正弦波的什么特性？三角波的频率是指三角波的什么特性？

学一学

作为基本信号源,正弦波振荡器是如何构成的？它分为哪些种类？它的基本工作原理是怎样的？让我们进入以下学习单元吧！

理论知识4.1.1　正弦波振荡器的组成与分类

一、正弦波振荡电路的定义

正弦波振荡电路是指在未外加输入信号的情况下,依靠电路自激荡而产生正弦波输出电压的电路。

二、产生正弦波振荡的条件

(1)在正弦波振荡电路中,反馈信号要能够取代输入信号,而若要如此,电路中必须引入正反馈。

(2)要有外加的选频网络,用以确定振荡频率。

三、正弦波振荡电路的组成及分类

(1)放大电路:保证电路能够有从起振到动态平衡的过程,使电路获得一定幅值的输出量,实现能量的控制。

(2)选频网络:确定电路的振荡频率,使电路产生单一频率的振荡,即保证电路产生正弦波振荡。

(3)正反馈网络:引入正反馈,使放大电路的输入信号等于反馈信号。

(4)稳幅环节:也就是非线性环节,作用是使输出信号幅值稳定。在不少实用电路中,常将选频网络和正反馈网络"合二而一";而且,对于分立元件放大电路,也不再另加稳幅环节,而依靠晶体管特性的非线性来起到稳幅作用。

四、判断电路是否可能产生正弦波振荡的方法和步骤

(1)观察电路是否包含了放大电路、选频网络、正反馈网络和稳幅环节四个组成部分。

(2)判断放大电路是否能够正常工作,即是否有合适的静态工作点且动态信号能否输入、输出和放大。

(3)利用瞬时极性法判断电路是否满足正弦波振荡的相位条件。

(4)判断电路是否满足正弦波振荡的幅值条件。

理论知识 4.1.2　RC 正弦波振荡电路

RC 正弦波振荡电路是正弦波振荡电路中比较常见的一种,将电阻 R_1 与电容 C_1 串联、电阻 R_2 与 C_2 并联所组成的网络称为 RC 串并联选频网络,如图 4.3 所示。通常选取 $R_1=R_2=R$,$C_1=C_2=C$,因为 RC 串并联选频网络在正弦波振荡电路中既为选频网络,又为正反馈网络,所以其输入电压为 $\dot{U}_i$,输出电压为 $\dot{U}_o$。

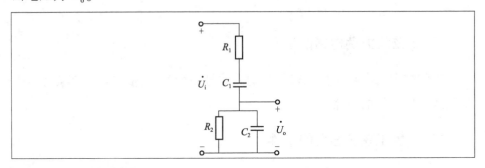

图 4.3　RC 串并联选频网络

当信号频率足够低时，$\dfrac{1}{\omega C}\gg R$，因而网络的简化电路及其电压和电流的相量图如图4.4a)所示，输出电压超前输入电压。当频率趋近于零时，相位超前趋近于90°，且输出电压趋近于零。

当信号频率足够高时，$R\gg\dfrac{1}{\omega C}$，因而网络的简化电路及其电压和电流的相量图如图4.4b)所示，输出电压滞后输入电压。当频率趋近于无穷大时，相位超前趋近于-90°，且输出电压趋近于零。

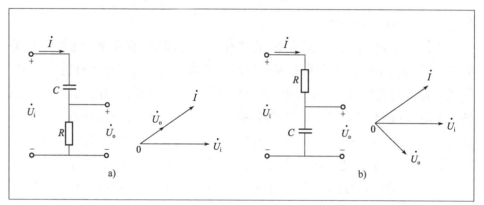

图4.4 输入电压超前输出电压选频网络结构图

可以想象，当信号频率从零逐渐变化到无穷大时，输出电压的相位从+90°逐渐变化到-90°。因此，对于RC串并联选频网络，必定存在一个频率f_0，当$f=f_0$时，u_o与u_i同相，$U_o/U_i=1/3$，达最大值。

$$\dot{F}=\dfrac{\dot{U}_i}{\dot{U}_o}=\dfrac{R//\dfrac{1}{j\omega C}}{R+\dfrac{1}{j\omega C}+R//\dfrac{1}{j\omega C}}$$

整理，可得

$$\dot{F}=\dfrac{1}{3+j\left(\omega RC-\dfrac{1}{\omega RC}\right)}$$

令 $\omega=\dfrac{1}{RC}$，则

$$f_0=\dfrac{1}{2\pi RC}$$

图4.5为RC桥式正弦波振荡器电路图，该电路在运算放大器的方向输入端引入RC串并联选频网络，以满足振荡的相位条件。

欲满足自激振荡的振幅条件$A_{uf}F_+\geq 1$，应有$A_{uf}\geq 1/F_+=3$，即$1+R_1/R_2\geq 3$，即$R_1/R_2\geq 2$或$R_1\geq 2R_2$或$R_2\leq R_1/2$。

该电路的振荡频率：$f_0=\dfrac{1}{2\pi RC}$。

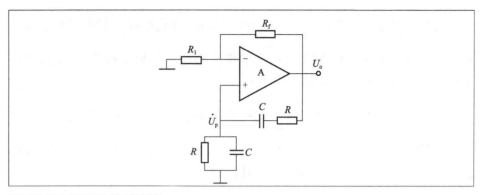

图 4.5 RC 桥式正弦波振荡电路

为使电路的输出波形失真小,通常在设计电路时,使 $A_{uf}F_+$ 稍大于 1,即 R_1 稍大于 $2R_2$,电路工作在临界振荡状态。但这样又会因工作条件的变化,在 A_{uf} 稍有减小时造成 $A_{uf}F_+ < 1$,电路停振。为此,R_1 常采用具有负温度系数的热敏电阻,由它实现对电路的自动稳幅。当电路刚起振时,R_1 温度最低,电阻值最大。$A_{uf} = 1 + R_1/R_2$ 最大,满足起振条件 $A_{uf}F_+ > 1$,可起振;随着振荡幅度的增加,热敏电阻消耗的功率增大,温度上升,R_1 减小,使得 $A_{uf}F_+$ 减小,直至 $A_{uf}F_+ = 1$,电路稳幅振荡。当然,如果 R_2 采用正温度系数的热敏电阻,也能实现自动稳幅。

理论知识 4.1.3　非正弦波振荡电路

一、矩形波发生电路

因为矩形波电压只有两种状态,不是高电平,就是低电平,所以电压比较器是它的重要组成部分;因为电路会产生振荡,就是要求输出的两种状态自动地相互转换,所以电路中必须引入反馈;因为输出状态应按一定的时间间隔交替变化,即产生周期性变化,所以电路中要有延迟环节来确定每种状态维持的时间。图 4.6 所示为矩形波发生电路,它由反相输入的滞回比较器和 RC 电路组成,RC 电路既作为延迟环节,又作为反馈网络,通过 RC 充放电实现输出状态的自动转换。

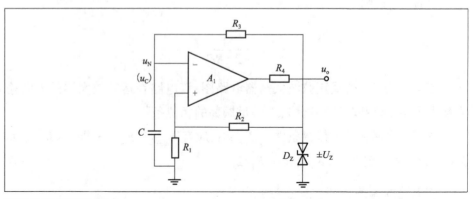

图 4.6　矩形波发生电路

通过电容 C 充电与放电过程完成电路自激振荡,如图 4.7 所示为其方波发生电路的波形图。

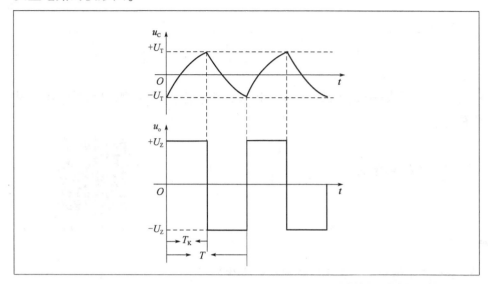

图 4.7　方波发生电路的波形图

二、三角波发生电路

在方波发生电路中,当滞回比较器的阈值电压数值较小时,可将电容两端的电压看成为近似三角波。但是,一方面这个三角波的线性度较差,另一方面带负载后将使电路的性能产生变化。实际上,只要将方波电压作为积分运算电路的输入,在其输出端就得到三角波电压,如图 4.8a)所示。当方波发生电路的输出电压等于 $+U_z$ 时,积分运算电路的输出电压将线性下降;而当输出电压为 $-U_z$ 时,输出电压将线性上升,波形如图 4.8b)所示。

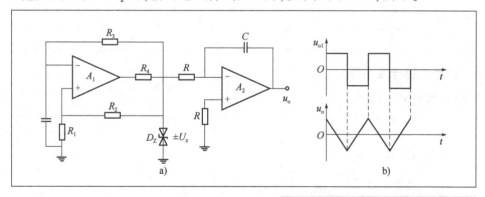

图 4.8　采用波形变换的方法得到的三角波

任务实训 制作与测试RC桥式信号发生器

班级：_____ 姓名：_____ 学号：_____ 成绩：_____

一、任务描述

学生分为若干组，每组提供万用表一只、示波器一台、电源及频率计各一台，所用元器件及器材见表4.1。完成以下工作任务：

(1)清点元器件；
(2)装接与调试RC桥式信号发生器。

二、任务实施

任务4.1 任务实训

任务1：清点元器件

根据表4.1，清点元器件。在面包板上装接RC桥式信号发生器。

表4.1　RC桥式信号发生器元器件清单

序号	名称	型号	数量	图号
1	电阻	1kΩ/0.25W	1	R_1
2	电阻	2kΩ/0.25W	1	R_L
3	电阻	10kΩ/0.25W	3	R
4	电位器	100kΩ	1	R_L
5	二极管	1N4007	2	V_1、V_2
6	电容	0.1μF/40V	3	C
7	集成运放	OP4177	2	A_1、A_2
8	IC管座		1	
9	连接导线		若干	
10	通用面包板			

任务2：装接与调试RC桥式信号发生器

RC桥式信号发生器的电路如图4.9所示。

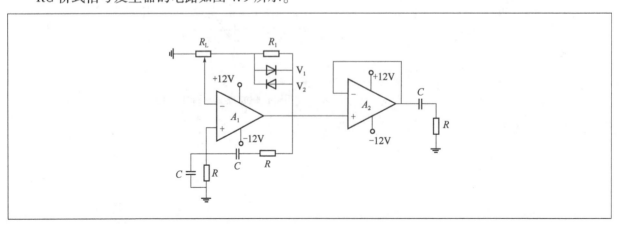

图4.9　RC桥式音频信号发生器的电路

调试 RC 桥式音频信号发生器,接通电源,用示波器监测 u_{o1} 的波形,调小 R_L 直至振荡波形 u_{o2} 将出现失真。用示波器观察 u_{o1}、u_{o2} 的波形,用频率计测量 u_{o1}、u_{o2} 的频率,并将测试结果填入表 4.2 中。

表 4.2 实测数据

被测量	波形	频率 f_0(kHz)
u_{o1}		
u_{o2}		

三、任务评价

根据任务完成情况,完成任务表 4.3 任务评价单的填写。

表 4.3 任务评价单

【自我评价】
总结与反思:
实训人签字:
【小组互评】
该成员表现:
组长签字:
【教师评价】
该成员表现:
教师签字:

【实训注意事项】

(1)搭接时,注意运算放大器电源端接线,严禁正负反接。

(2)在搭接完全部电路后,要先查线后上电。

任务 4.2　检波器应用

知识目标

1. 掌握调幅波的基本性质；
2. 了解检波的主要方法。

能力目标

1. 掌握识读三极管调幅电路图技能；
2. 掌握识读二极管包络检波电路图技能。

素养目标

通过任务的实施，培养多思善问的职业素养，培养埋头苦干、担当作为的实干精神。

看一看

什么是调幅波？它改变了波形的哪种电特性？

请观察演示实验：

用信号发生器输出幅值为 10V、频率 100Hz 的正弦波，接着改变幅值为 20V，使用示波器观看调幅波波形，示波器所观察的调幅波波形如图 4.10 所示。

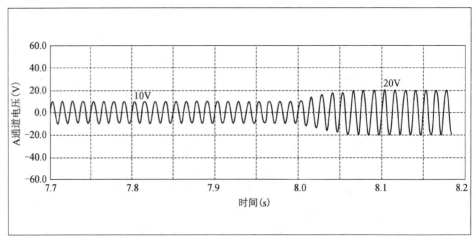

图 4.10　调幅波波形

学一学

这是什么波形？如何获得？让我们进入以下学习单元吧！

理论学习4.2.1　调制与解调

一、调制

1.什么是调制？

调制是将能量低的消息信号与能量高的载波信号进行混合，产生一个新的高能量信号的过程，该信号可以将信息传输到很远的距离。或者说，调制是根据消息信号的幅度去改变载波信号的特性（幅度、频率或者相位）的过程。

2.为什么要调制？

举个例子，两个人说话相距0.5m时很容易听清对方要表述的内容，但是距离增加到5m时听起来就比较费劲，如果周围再增加一些其他人说话的声音，有可能就听不出对方要表达的意思了。

从上面的例子我们可以指出，消息信号一般强度很弱，无法进行远距离传播。除此之外，物理环境、外部噪声和传播距离的增加都会进一步降低消息的信号强度。那为了把消息信号传输到很远的地方，我们该怎么办呢？此时通过高频率和高能量的载波信号即可解决这一问题，它传播距离更远，不容易受外部干扰的影响，这种高能量或高频信号称为载波信号。

3.如何调制？

既然我们可以使用载波信号帮助我们将消息信号传输到很远的距离，那么如何将消息信号和载波信号进行结合呢？我们知道，一个信号包括了幅度、频率和相位，那么我们可以根据消息信号的幅度来改变载波信号的幅度、频率和相位，即我们所熟知的调幅、调频和调相。

在调制过程中，载波信号的特性会根据调制方式发生变化，但是我们要传输的消息信号的特性是不会发生改变的。

4.调制中包括哪些信号类型？

（1）消息信号。

消息信号就是要传播到目的地的消息，如语音信号等，它也称调制信号或者基带信号。

（2）载波信号。

具有振幅、频率和相位等特性，但是不包含任何有用信息的高能量或高频信号，我们称之为载波信号或载波。

（3）调制信号。

当消息信号与载波信号进行混合，会产生一个新的信号，我们称这个新信号为调制信号。

二、解调

解调是从携带信息的已调信号中恢复消息的过程。在各种信息传输或处理系统中，发送端用所欲传送的消息对载波进行调制，产生携带这一消息的信号。接收端必须恢复所传送的消息才能对其加以利用，这就是解调。

解调是调制的逆过程。调制方式不同，解调方法也不一样。为与调制的分类相对应，解调可分为正弦波解调（有时也称为连续波解调）和脉冲波解调。正弦波解调还可再分为幅度解调、频率解调和相位解调，此外还有一些变种，如单边带信号解调、残留边带信号解调等。同样，脉冲波解调也可分为脉冲幅度解调、脉冲相位解调、脉冲宽度解调和脉冲编码解调等，对于多重调制需要配以多重解调。

理论学习4.2.2　三极管调幅电路

一、调幅波波形

调幅是指高频载波的振幅随调制信号的变化而变化，而载波的频率不发生变化。图4.11为高频载波幅度随音频信号改变的已调信号，也就是调幅信号。

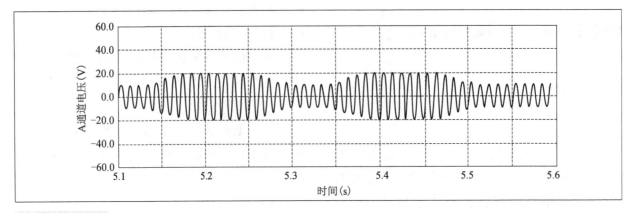

图 4.11 调幅信号

二、三极管调幅电路

调制信号和载波信号同时加在一个非线性元器件上(如晶体二极管或三极管),经非线性变换成新的频率分量,再利用谐振回路选出所需的频率成分,这种电路就叫作调幅电路。调幅电路分为二极管调幅电路和三极管调幅电路,通常采用三极管调幅电路。

图 4.12 是晶体管基极调幅电路,载波信号经过调幅波输出高频变压器 T_{r1} 加到三极管 V 的基极上,低频调制信载波信号通过一个低频变压器耦合到次级,且次级与加到三极管基极的高频载波串联,C_1 为高频旁路电容器,C_2 为低频旁路电容器,R_1 与 R_2 为偏置电阻。

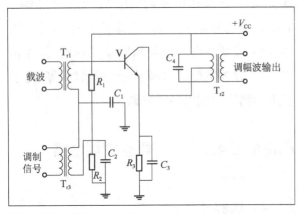

图 4.12 晶体管基极调幅电路

工作时,用调制信号改变放大器的基极偏压,当其工作于欠压状态时,集电极电流的基波分量振幅随基极偏压呈线性变化。由于晶体管的非线性作用,集电极电流中会含有各种谐波分量,需要利用集电极 LC 调谐回路把其中调幅波选取出来。基极调幅电路的优点是要求低频调制信号功率小,属于低电平调幅,因而低频放大器比较简单。其缺点是工作于欠压状态,集电极效率较低,不能充分利用直流电源的能量。

理论学习 4.2.3 二极管包络检波器

检波是振幅调制的逆过程。它的作用是从已调制的高频振荡中恢复出原来的调制信号,实质上,就是在调幅波中取出被调波形。

检波电路根据所用的元器件不同,分为二极管检波、三极管检波等方法;根据输入信号大小不同,分为小信号检波和大信号检波;根据工作特点不同,分为同步检波和非同步检波。

目前应用最广的是二极管包络检波器,其电路如图 4.13 所示。该二极管包络检波器由二极管 V 和低通滤波器 R、C 两部分组成。

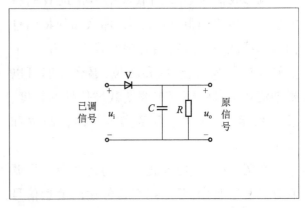

图 4.13 二极管包络检波器

一、特性要求

(1)已调信号的振幅要大于0.7V(二极管选用的是硅管)。

(2)在图4.14所示的电路中,充电时间常数要远远小于放电时间常数。充电时间常数由二极管内阻和电容决定,放电时间常数由电容和输出端的电阻决定。

二、工作过程

工作时,当输入信号u_i为正半周且幅度大于0.7V时,二极管导通,电容C充电;输入信号为其他情况时,二极管截止,电容C上电压对电阻R放电。分析时可采用折线法,具体分析如下。

(1)当u_i为正半周,且幅度大于0.7V时,二极管导通,对电容C充电,$\tau_{充} = r_d C$,由于r_d很小,故$\tau_{充}$很小,$u_o \approx u_i$。

(2)u_i的其他时间,二极管截止,电容C经R放电,$\tau_{放} = RC$,由于R很大,故$\tau_{放}$很大,电容C上电压下降不多,仍有:$u_o \approx u_i$。

如此循环反复,电容C上获得与包络(调制信号)相一致的电压波形,仅有很小的起伏如图4.14所示,故称该检波方法为包络检波。

查一查

(1)查阅各种资料,查看有没有其他类型的调幅电路和检波电路,并了解其特点。

(2)查阅各种资料,了解三极管放大器工作在丙类放大状态(一个周期内,三极管的导通时间小于半个周期)的特点。

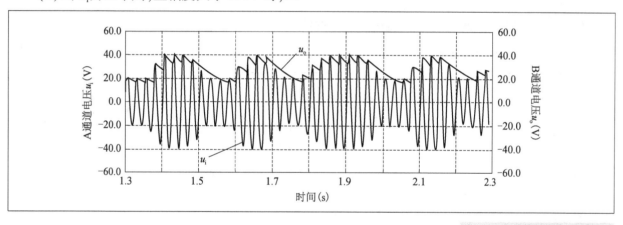

图4.14 二极管包络检波器波形

任务实训 搭建并测试检波电路

班级：_____ 姓名：_____ 学号：_____ 成绩：_____

一、任务描述

学生分为若干组，每组提供合成信号发生器一台、示波器一台、二极管包络检波器的电路板一块。电路图如图4.14所示。完成以下工作任务：

(1) 应用信号发生器的输出信号作为二极管包络检波器的输入信号，观察信号发生器的输出波形和二极管包络检波器的输出波形；

(2) 对应画出调幅信号与检波输出信号波形。

二、任务实施

任务1：观察检波电路的波形

用合成信号发生器为电路提供一个频率为100Hz的调制波、幅值为5V、载波频率为1kHz，用示波器观察u_i和u_o的波形。

任务2：对应画出调幅信号与检波输出信号的波形

在图4.15中，对应画出检波器输入的调幅信号u_i与检波输出信号u_o的波形。

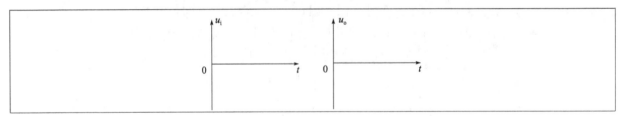

图4.15 任务2图

三、任务评价

根据任务完成情况，完成任务表4.4任务评价单的填写。

表4.4 任务评价单

【自我评价】 总结与反思： 实训人签字：
【小组互评】 该成员表现： 组长签字：
【教师评价】 该成员表现： 教师签字：

【实训注意事项】

用示波器观测波形时，规避示波器自身的滤波功能，以免影响波形的观察。

应知应会要点归纳

现将各部分归纳如下。

RC 桥式信号发生器的制作与测试	信号发生器的种类很多。按其输出信号的波形来分,有正弦波振荡器和非正弦波(如方波、三角波、锯齿波、脉冲序列等)信号发生器两大类。 正弦波振荡电路:在未外加输入信号的情况下,依靠电路自激荡而产生正弦波输出电压的电路。 非正弦波振荡电路:在没有外加激励的条件下,依靠电路自激振荡而自动地产生非正弦波信号的电路
检波器应用	所谓调制,就是将被调制信号"装载"到高频信号中去,所谓解调是从接收到的已调信号中把原调制信号取出来。通常可通过三极管调幅电路改变波形的幅值,再通过二极管包络检波器将已调制的高频振荡恢复出原来的调制信号

知识拓展

一、无线电电磁波

无线电电磁波是电磁波的一种。频率为 30GHz 以下或波长大于 1mm 的电磁波,由于它是由振荡电路的交变电流而产生的,可以通过天线发射和吸收,故称之为无线电波。

电磁波包含很多种类,按照频率从低到高的顺序排列为:无线电波、红外线、可见光、紫外线、X 射线及 γ 射线。在不同的波段内的无线电波具有不同的传播特性。

频率越低,传播损耗越小,覆盖距离越远,绕射能力也越强。但是低频段的频率资源紧张,系统容量有限,因此低频段的无线电波主要应用于广播、电视、寻呼等系统。

高频段频率资源丰富,系统容量大。但是频率越高,传播损耗越大,覆盖距离越短,绕射能力越弱。另外,频率越高,技术难度也越大,系统的成本相应提高。

无线电波的速度只随传播介质的电和磁的性质而变化。无线电波在真空中传播的速度等于光在真空中传播的速度,因为无线电波和光均属于电磁波。

二、无线电波传输方式

对于自由空间,在自由空间中由于没有阻挡,电波传播只有直射,不存在其他现象。而对于日常生活中的实际传播环境,地面存在各种各样的物体,使得电波的传播有直射、反射、绕射(衍射)等,另外,对于室内或列车内的用户,还有一部分信号来源于无线电波对建筑的穿透。这些都造成无线电波传播的多样性和复杂性,增大了对电波传播进行研究的难度。

1. 直射

直射在视距内可以看作无线电波在自由空

间中传播。

2. 反射、折射与穿透

在电磁波传播过程中遇到障碍物,当这个障碍物的尺寸远大于电磁波的波长时,电磁波在不同介质的交界处会发生反射和折射。另外,障碍物的介质属性也会对反射产生影响。对于良导体,反射不会带来衰减;对于绝缘体,它只反射入射能量的一部分,剩下的被折射入新的介质继续传播;而对于非理想介质,电磁波贯穿介质,即穿透时,介质会吸收电磁波的能量,产生贯穿衰落。穿透损耗大小不仅与电磁波频率有关,而且与穿透物体的材料、尺寸有关。

一般室内的无线电波信号是穿透分量与绕射分量的叠加,而绕射分量占绝大部分。所以,总的来看,高频信号(例如1800MHz)的室内外电平差比低频信号(800MHz)的室内外电平差要大。并且,低频信号进入室内后,由于穿透能力差一些,在室内进行各种反射后场强分布更均匀;而高频信号进入室内后,部分信号又穿透出去了,室内信号分布就不太均匀,也就使用户感觉信号波动大。

3. 绕射(衍射)

在电磁波传播过程中遇到障碍物,这个障碍物的尺寸与电磁波的波长接近时,电磁波可以从该物体的边缘绕射过去。绕射可以帮助进行阴影区域的覆盖。

4. 散射

在电磁波传播过程中遇到障碍物,这个障碍物的尺寸小于电磁波的波长,并且单位体积内这种障碍物的数目巨大时,会发生散射。散射发生在粗糙物体、小物体或其他不规则物体表面,如树叶、街道标识和灯柱等。

5. 视距传播

无线电波视距传播的一般形式主要是直射波和地面反射波的叠加,结果可能使信号加强,也可能使信号减弱。由于地球是球形的,受地球曲率半径的影响,视距传播存在一个极限距离 R_{max},它受发射天线高度、接收天线高度和地球半径影响。

6. 非视距传播

无线电波非视距传播的一般形式有:绕射波、对流层反射波和电离层反射波。

(1)绕射波。

绕射波是建筑物内部或阴影区域信号的主要来源。绕射波的强度受传播环境影响很大,且频率越高,绕射信号越弱。

(2)对流层反射波。

对流层反射波产生于对流层。对流层是异类介质,由于天气情况而随时间变化。它的反射系数随高度的增加而减少。这种缓慢变化的反射系数使电波弯曲。对流层反射方式应用于波长小于10m(即频率大于30MHz)的无线通信中,对流层反射波具有极大的随机性。

(3)电离层反射波。

当电波波长大于1m(即频率小于300MHz)时,电离层是反射体。从电离层反射的电波可能有一个或多个跳跃,因此这种传播用于长距离通信,同对流层一样,电离层也具有连续波动的特性。

评价反馈

班级：_____ 姓名：_____ 学号：_____ 成绩：_____

4.1 选择下面一个答案填入空内，只需填入 **A、B 或 C**（每空1分，共4分）

A. 容性　　　　B. 阻性　　　　C. 感性

（1）LC 并联网络在谐振时呈_____，在信号频率大于谐振频率时呈_____，在信号频率小于谐振频率时呈_____。

（2）当信号频率 $f = f_0$ 时，RC 串并联网络呈_____。

4.2 判断图题 4.2 所示各电路是否可能产生正弦波振荡，简述理由。设题 4.2 图 b) 中 C_4 容量远大于其他三个电容的容量。（共8分）

4.3 电路如图题 4.2 所示，试问：

（1）若去掉两个电路中的 R_2 和 C_3，则两个电路是否可能产生正弦波振荡？为什么？（4分）

（2）若在两个电路中再加一级 RC，则两个电路是否可能产生正弦波振荡？为什么？（4分）

4.4 试设计一个交流电压信号的数字式测量电路的原理框图。（10分）

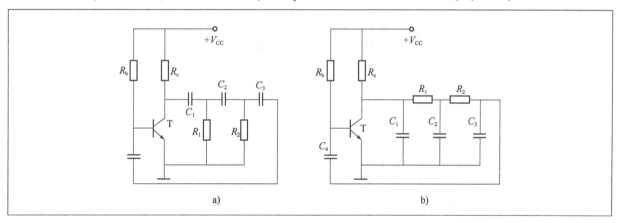

题 4.2 图

项目4 教学情况反馈单

评价项目	评价内容	评价等级				得分
		优秀	良好	合格	不合格	
教学目标 (10分)	知识与能力目标符合学生实际情况	5	4	3	2	
	重点突出、难点突破	5	4	3	2	
教学内容 (15分)	知识容量适中、深浅有度	5	4	3	2	
	善于创设恰当情境,让学生自主探索	5	4	3	2	
	知识讲授正确,具有科学性和系统性,体现应用与创新知识	5	4	3	2	
教学方法及手段 (20分)	教法灵活,能调动学生的学习积极性和主动性,注重能力培养	10	8	6	4	
	能恰当运用图标、模型或现代技术手段进行辅助教学	10	8	6	4	
教学过程 (30分)	教学环节安排合理,知识衔接自然	10	8	6	4	
	注重知识的发生、发展过程,有学法指导措施,课堂信息反馈及时	10	8	6	4	
	评价意见中肯且有激励作用,帮助学生认识自我、建立信心	10	8	6	4	
教师素质 (10分)	教态自然,语言表述清楚,富有激情和感染力	10	8	6	4	
教学效果 (15分)	课堂气氛活跃,学生积极主动地参与学习全过程,并在学法上有收获	5	4	3	2	
	大多数学生能正确掌握知识,并能运用知识解决简单的实际问题	10	8	6	4	
总分		100	80	60	40	
老师,我想对您说						

项目5
直流稳压电源的测试与应用

 **问题导学**

1. 什么是电源？常见的电源种类有哪些？
2. 什么是直流电源？它与交流电源有哪些区别？它的变革历史是怎样的？
3. 如何经济实用地把电网提供的交流电变成直流电？
4. 直流稳压电源主要的构成有哪些？

 **思维导图**

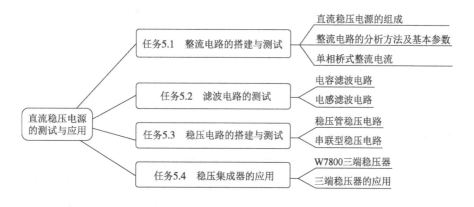

 情境导入

在一些电子仪器设备和自动控制装置中需要用电压非常稳定的直流电源，如何为电子仪器设备和自动控制装置选取最合适的电源，需要在使用前对电源的工作原理和工作特性有一个比较完整的认知。小张在入职某半导体企业后，发现车间工作中大量地使用了直流稳压电源，经过学习，他掌握了直流电源的相关知识，为自己今后的工作做好了相应准备。

任务 5.1　整流电路的搭建与测试

知识目标

1. 了解整流电路的工作原理；
2. 理解整流电路的基本参数。

能力目标

1. 具备识别单相半波整流电路和单相桥式整流电路的能力；
2. 具备独立搭建单相桥式整流电路的能力；
3. 可利用万用表完成单相桥式整流电路的测试工作。

素养目标

通过实训任务的完成，养成精益求精、不断探索的职业素养。

看一看

什么是整流电路？它的作用是什么？

请观察演示实验：

(1) 按图 5.1 搭设整流电路；

(2) 用示波器分别观测输入 u_i 与输出 u_o 波形。

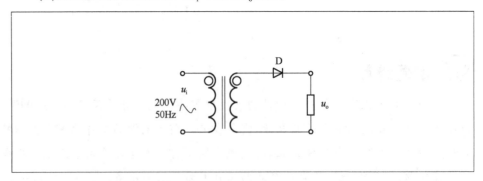

图 5.1　单相半波整流电路

想一想

上述实验说明了什么问题？输出的波形均为正值，在输入波形的正、负两半输出的波形一致。单相半波整流电路实现了交流电到直流电的转变，那么还有哪些种类的整流电路需要我们去掌握？

理论学习5.1.1　直流稳压电源的组成

图5.2所示为直流稳压电源的组成框图,它表示把交流电变换为直流电的过程。图中各个环节的功能如下:

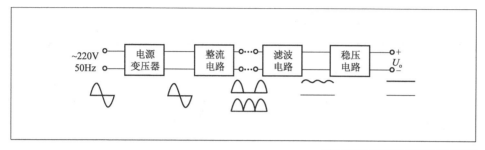

图5.2　直流稳压电源的组成框图

一、变压器

变压器将交流电源电压变换为符合整流需要的电压。一般情况下,需要的直流电压的数值和电网电压的有效值相差较大,所以需要通过变压器降压后,再对交流电压进行处理。

二、整流电路

整流电路可将大小和方向都变化的交流电变换为单一方向的脉动直流电。其中的整流元件(晶体二极管或晶闸管)之所以能整流,是因为其具有单向导电性。

三、滤波电路

滤波电路可将脉动直流电中的交流成分过滤掉,变为平滑的直流电,以适合负载的需要。

四、稳压电路

滤波后得到的电压还会随着电网电压波动、负载及温度的变化而变化,稳压电路的作用是克服各因素所引起的输出电压的变化,加强输出电压的稳定性。

理论学习5.1.2　整流电路的分析方法及基本参数

分析整流电路,就是弄清电路的工作原理(即整流原理),求出主要参数,并确定整流二极管的极限参数。以图5.3、图5.4所示单相半波整流电路图和波形图为例来说明整流电路的分析方法及其基本参数。

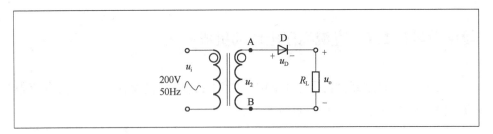

图 5.3　单相半波整流电路图

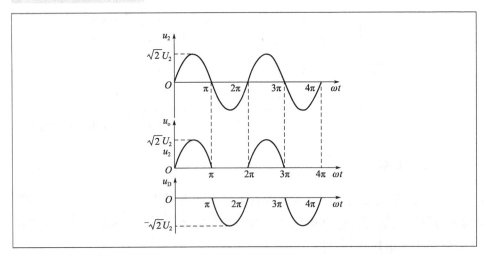

图 5.4　单相半波整流路的波形图

一、工作原理

单相半波整流电路是最简单的一种整流电路,设变压器的二次侧电压有效值为 U_2,则其瞬时值为 $u_2 = \sqrt{2}U_2\sin\omega t$。在 u_2 的正半周,A 点为正,B 点为负,二极管外加正向电压,因而处于导通状态。电流从 A 点流出,经过二极管 D 和负载电阻 R_L 流入 B 点,$u_o = u_2 = \sqrt{2}U_2\sin\omega t$。在 u_2 的负半周,B 点为正,A 点为负,二极管外加反向电压,因而处于截止状态,$u_2 = 0$。负载电阻的电压和电流都具有单一方向脉动的特性。由此可见,由于二极管的单向导电作用,变压器二次侧的交流电压变换成了负载两端的单相脉动电压,达到了整流的目的。因为这种电路只有在交流电压的正半周内才有电流通过负载,所以称其为单相半波整流电路。

二、单向半波整流电路的技术指标

在研究整流电路时,至少应考察整流电路输出电压平均值和输出电流平均值两项指标,有时还需考虑脉动系数,以便定量反映输出波形脉动的情况。

输出电压平均值就是负载电阻上电压的平均值 $U_{O(AV)}$ 从图 5.5 所示波形图可知,当 $\omega t = 0 \sim \pi$ 时,$u_o = \sqrt{2}U_2\sin\omega t$;当 $\omega t = \pi \sim 2\pi$,$u_o = 0$。所以,求解 u_o 的平均值,就是将 $0 \sim \pi$ 的电压平均在 $0 \sim 2\pi$ 时间间隔之中,如图 5.5 所示,写成表达式为

$$U_{O(AV)} = \frac{1}{2\pi}\int_0^\pi \sqrt{2}\, U_2 \sin\omega t\, d(\omega t) \tag{5.1}$$

解得

$$U_{O(AV)} = \frac{\sqrt{2}\, U_2}{\pi} \approx 0.45\, U_2 \tag{5.2}$$

负载电流的平均值

$$I_{O(AV)} = \frac{U_{O(AV)}}{R_L} \approx \frac{0.45\, U_2}{R_L} \tag{5.3}$$

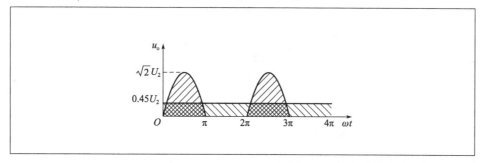

图 5.5 单相半波整流电路输出电压平均值

整流输出电压的脉动系数 S 定义为整流输出电压的基波峰值与输出电压平均值之比，即

$$S = \frac{U_{OM}}{U_{O(AV)}} \tag{5.4}$$

因而 S 越大，脉动越大。

三、二极管的选择

在整流电路的变压器二次侧电压有效值和负载电阻值确定后，电路对二极管参数的要求也就确定了。一般应根据流过二极管电流的平均值和它所承受的最大反向电压来选择二极管的型号。

在单相半波整流电路中，二极管的正向平均电流等于负载电流平均值，即

$$I_{D(AV)} = I_{O(AV)} \approx \frac{0.45\, U_2}{R_L} \tag{5.5}$$

二极管承受的最大反向电压等于变压器二次侧的峰值电压，即

$$U_{RMAX} = \sqrt{2}\, U_2 \tag{5.6}$$

一般情况下，允许电网电压有 ±10% 的波动，即电源变压器一次侧电压为 198～242V，因此在选用二极管时，对于最大整流平均电流和最高反向工作电压 U_{RM} 应至少留有 10% 的余地，以保证二极管安全工作，即选取

$$I_F > 1.1\, I_{O(AV)} = 1.1\, \frac{\sqrt{2}\, U_2}{\pi R_L} \tag{5.7}$$

$$U_{RM} > 1.1\sqrt{2}\, U_2 \tag{5.8}$$

单相半波整流电路简单易行,所用二极管数量少。但是由于它只利用了交流电压的半个周期,所以输出电压低、交流分量大(即脉动大)、效率低。因此,这种电路仅适用于整流电流较小、对脉动要求不高的场合。

【随堂练习5-1】 有一个直流负载,电阻为1.5kΩ,其工作电流为10mA,采用单向半波整流电路,试求整流变压器二次侧的电压值,并选择适当的整流二极管。

解
$$U_L = R_L I_L = 1.5 \times 10^3 \times 10 \times 10^{-3} = 15V$$

$$U_2 \approx \frac{U_L}{0.45} = \frac{15}{0.45} \approx 33V$$

流过二极管的平均电流为:

$$I_F = I_L = 10mA$$

二极管承受的最大反向电压为:

$$U_{RM} = \sqrt{2} U_2 = 1.41 \times 33 \approx 47V$$

根据以上得出的参数,查晶体管手册,可选用一只额定电流为100mA、最高反向工作电压为50V的2CZ82B型整流二极管。

理论学习5.1.3　单相桥式整流电流

为了克服单相半波整流电路的缺点,在实用电路中多采用单相全波整流电路,最常用的是单相桥式整流电路。

一、电路的组成

单相桥式整流电路由四只二极管组成,保证在变压器二次侧电压 u_2 的整个周期内,负载上的电压和电流方向始终不变,如图5.6所示。为达到这一目的,就要在 u_2 的正、负半周内正确引导流向负载的电流。设变压器二次侧两端分别为C和D,则C为正、D为负时应有电流流出D点;C为负、D为正时,应有电流流入C点,因而A和B点均应分别接两只二极管的阳极和阴极。

桥式整流器

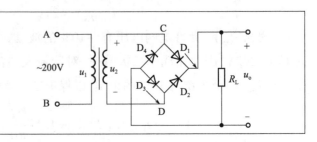

图5.6　单相桥式整流电路

二、工作原理

单相桥式整流电路的波形图如图 5.7 所示,设变压器二次侧电压 $u_2(t) = \sqrt{2}\,U_2\sin\omega t$,$U_2$ 为其有效值。

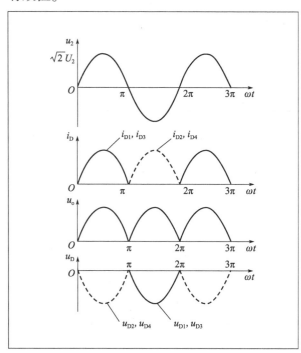

图 5.7　单相桥式整流电路的波形图

当 u_2 为正半周时,电流由 C 点流入,经 D_1、R_L、D_3 流入 D 点,因而负载电阻上的电压等于变压器二次侧电压,即 $u_o = u_2$,D_2 和 D_4 管承受的反向电压为 $-u_2$,当 u_2 为负半周时,电流由 D 点流入,经 D_2、R_L、D_4 流入 C 点,负载电阻上的电压等于 $-u_2$,即 $u_o = -u_2$,D_1 和 D_3 管承受的反向电压为 u_2。

这样,由于 D_1 和 D_3、D_2 和 D_4 两对二极管交替导通,致使负载电阻上在 u_2 的整个周期内都有电流通过,而且方向不变。图 5.7 为单相桥式整流电路各部分的电压和电流的波形。

三、输出电压平均值 $U_{O(AV)}$ 和输出电流平均值 $I_{O(AV)}$

根据图 5.7 中所示的波形可知,输出电压的平均值

$$U_{O(AV)} = \frac{1}{\pi}\int_0^{\pi} \sqrt{2}\,U_2\sin\omega t\,\mathrm{d}(\omega t) \quad (5.9)$$

解得

$$U_{O(AV)} = \frac{2\sqrt{2}\,U_2}{\pi} \approx 0.9\,U_2 \quad (5.10)$$

由于桥式整流电路实现了全波整流电路,它将 u_2 的负半周也利用起来,所以在变压器二次侧电压有效值相同的情况下,输出电压的平均值是半波整流电路的两倍。

输出电流的平均值(即负载电阻中的电流平均值)

$$I_{O(AV)} = \frac{U_{O(AV)}}{R_L} \approx \frac{0.9 U_2}{R_L} \quad (5.11)$$

在变压器二次侧电压相同且负载也相同的情况下,输出电流的平均值也是半波整流电路的两倍。

根据谐波分析可得,脉动系数为

$$S = \frac{U_{OM}}{U_{O(AV)}} = \frac{2}{3} \quad (5.12)$$

与半波整流电路相比,输出电压的脉动减小很多。

任务实训 搭建与测试单相半波整流电路

班级：_____ 姓名：_____ 学号：_____ 成绩：_____

一、任务描述

学生分为若干组，依表5.1准备材料，完成以下工作任务：

(1)单相半波整流电路的搭建；

(2)单相半波整流电路的测试。

表5.1 单相桥式整流电路材料清单

设备与材料	指标或型号
交流电源	220V/50Hz
电阻负载	1kΩ/100W
工频变压器	AC220V 转 AC27V
二极管	V2PM10
示波器	—

二、任务实施

任务1：单相半波整流电路的搭建

根据图5.3及表5.1所示材料来搭建电路。

任务2：单相桥式整流电路的测试

使用示波器对单相桥式整流进行测试，对应画出输入电压 u_i 与输出电压 u_o 的波形（图5.8）。

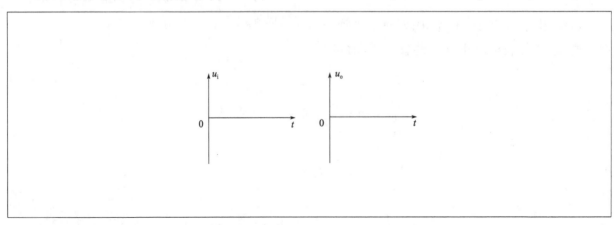

图5.8 单相桥式整流电路的输入电压 u_i 与输出电压测试 u_o 的波形

三、任务评价

根据任务完成情况,完成任务表 5.2 任务评价单的填写。

表 5.2 任务评价单

【自我评价】
总结与反思: 实训人签字:
【小组互评】
该成员表现: 组长签字:
【教师评价】
该成员表现: 教师签字:

【实训注意事项】

(1)用示波器观测波形时,规避示波器自身的滤波功能,以免影响波形的观察。

(2)检查好全部接线后再通电。

任务 5.2　滤波电路的测试

知识目标

1. 了解滤波电路的类型与作用；
2. 掌握电容滤波电路的工作原理；
3. 掌握电感滤波电路的工作原理。

能力目标

1. 会搭建电容滤波电路；
2. 会搭建电感滤波电路。

素养目标

培养仔细观察、理论联系实际的能力。

看一看

请同学们分组讨论图 5.9 几个电路都由哪些元件构成？它们能实现什么功能？

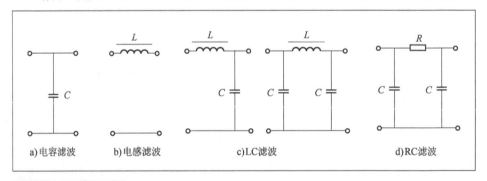

图 5.9　常见的滤波电路

想一想

上面的四组图，均是电容、电感和电阻的简单组合即可实现滤波的作用，什么是滤波电路？滤波电路通常应用在哪些场合？

学一学

整流电路虽然可以把交流电转换成直流电，但是所输出的都是脉动直流电压，其中含有较大的交流成分，因此不平滑的直流电仅能在一些电能质量要求不高的场合使用，而对于电能质量要求较高的场合，需要对直流电进行滤波处理。

理论学习 5.2.1 电容滤波电路

电容滤波电路是最常见也是最简单的滤波电路,在整流电路的输出端(即负载电阻两端)并联一个电容即构成电容滤波电路,如图5.10所示。滤波电容容量较大,因而一般采用电解电容,在接线时要注意电解电容的正、负极。电容滤波电路利用电容的充放电作用,使输出电压趋于平滑。

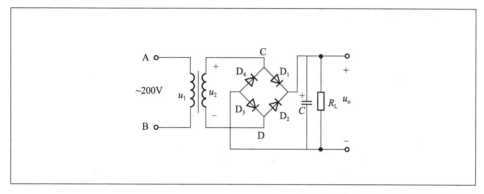

图5.10 单相桥式整流电容滤波电路

一、滤波原理

当变压器二次侧电压 u_2 处于正半周并且数值大于电容两端电压 u_C 时,二极管 D_1、D_3 导通,电流一路流经负载电阻,另一路对电容 C 充电。因为在理想情况下,变压器二次侧无损耗,二极管导通电压为零,所以电容两端电压与 u_2 相等。当 u_2 上升到峰值后开始下降,电容通过负载放电,其电压 u_C 也开始下降,趋势与 u_2 基本相同。但是由于电容按指数规律放电,所以当 u_2 下降到一定数值后,u_C 的下降速度慢于 u_2 的下降速度,使 u_C 大于 u_2 从而导致 D_1、D_3 反向偏执而变为截止。此后,电容 C 继续通过负载电阻放电,u_C 按指数规律缓慢下降。

当 u_2 的负半周幅值变化到恰好大于 u_C 时,D_2、D_4 因加正向电压变为导通状态,u_2 再次对 C 充电,u_C 上升到 u_2 的峰值后又开始下降;下降到一定数值时 D_2、D_4 变为截止,C 对 R_L 放电,u_C 按指数规律下降,放电到一定数值时 D_1、D_3 变为导通。

从以上分析可知,电容充电时,回路电阻为整流电路的内阻,即变压器内阻和二极管的导通电阻之和,其数值很小,因而时间常数很小。电容放电时,回路电阻为 R_L,放电时间常数为 $R_L C$,通常远大于充电的时间常数。因此,滤波效果取决于放电时间。电容越大,负载电阻越大,滤波后输出电压越平滑,并且其平均值越大。换言之,当滤波电容容量一定时,若负载电阻减小(即负载电流增大),则时间常数 $R_L C$ 减小,放电速度加快,输出电压平均值随即下降,且脉动变大。

二、输出电压平均值

滤波电路输出电压波形难于用解析式来描述,近似估算时,可将图5.9c)所示波形近似于锯齿波,如图5.11所示。图中T为电网电压的周期。设整流电路内阻较小而R_LC较大,电容每次充电均可达到u_2的峰值,然后按照R_LC放电的起始斜率直线下降,经R_LC交于横轴,且在$\frac{T}{2}$处的数值为最小值U_{Omin},则输出电压平均值为

$$U_{O(AV)} = \frac{U_{Omax} + U_{Omin}}{2} \tag{5.13}$$

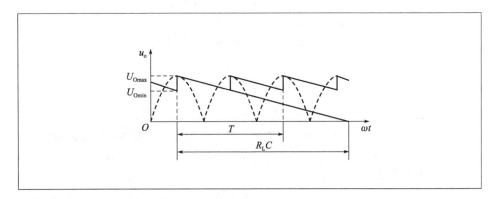

图5.11 电容滤波电路输出电压平均值的分析

同时按相似三角形关系,我们可以得到

$$U_{O(AV)} = \sqrt{2}U_2\left(1 - \frac{T}{4R_LC}\right) \tag{5.14}$$

所以,当负载开路,即R_L为无穷大时,$U_{O(AV)} = \sqrt{2}U_2$。当$R_LC = (3 \sim 5)\frac{T}{2}$时,

$$U_{O(AV)} \approx 1.2 U_2 \tag{5.15}$$

为了获得较好的滤波效果,在实际电路中,应选择滤波电容的容量满足$R_LC = (3 \sim 5)\frac{T}{2}$的条件。

三、脉动系数

在近似波形中,交流分量的基波的峰峰值为$U_{Omax} - U_{Omin}$

$$\frac{U_{Omax} - U_{Omin}}{2} = \frac{T}{4R_LC - T} \tag{5.16}$$

因此,脉动系数为

$$S = \frac{1}{\frac{4R_LC}{T} - 1} \tag{5.17}$$

四、整流二极管的导通管

在未加滤波电容之前,无论是哪种整流电路中的二极管均有半个周期处于导通状态,也称二极管的导通角等于 π。加滤波电容后,只有当电容充电时,二极管才导通,因此,每只二极管的导通角都小于 π。而且,R_LC 的值越大,滤波效果越好,导通角越小。由于电容滤波后输出平均电流增大,而二极管的导通角反而减小,所以整流二极管在短暂的时间内将流过一个很大的冲击电流为电容充电。这有损于二极管的使用寿命,所以必须选用容量较大的整流二极管,通常应选择其最大整流平均电流 I_F 大于负载电流的 2~3 倍。

五、电容滤波电路的输出特性

当滤波电容 C 选定后,输出电压平均值和输出电流平均值的关系称为输出特性,电容 C 越大,电路带负载能力越强,输出特性越好,如图 5.12 所示。

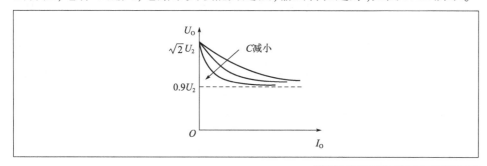

图 5.12 电容滤波电路的输出特性

理论学习 5.2.2　电感滤波电路

在大电流负载情况下,由于负载电阻 R_L 很小,若采用电容滤波电路,则电容容量势必很大,而且整流二极管的冲击电流也非常大,这就使得整流管和电容器的选择变得很困难,甚至不太可能,在此情况下应当采用电感滤波。在整流电路与负载电阻之间串联一个电感线圈 L 就构成电感滤波,如图 5.13 所示。由于电感线圈的电感量要足够大,所以一般需要采用有铁芯的线圈。

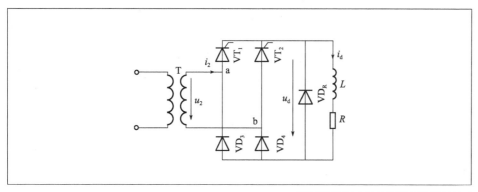

图 5.13 单相桥式整流电感滤波电路

电感的基本性质是当流过它的电流变化时,电感线圈中产生的感生电动势将阻止电流的变化。当通过电感线圈的电流增大时,电感线圈产生的自感电动势与电流方向相反,阻止电流的增加,同时将一部分电能转化成磁场能存储于电感之中;当通过电感线圈的电流减小时,自感电动势与电流方向相同,阻止电流的减小,同时释放出存储的能量,以补偿电流的减小。因此,经电感滤波后,不但负载电流及电压的脉动减小,波形变得平滑,而且整流二极管的导通角增大。

整流电路输出电压可分解为两部分:一部分为直流分量,它就是整流电路输出电压的平均值 $U_{O(AV)}$,对于全波整流电路,其值约为 $0.9U_2$;另一部分为交流分量。电感线圈对直流分量呈现的电抗很小,就是线圈本身的电阻 R;面对交流分量呈现的电抗为 ωL。所以若二极管的导通角近似为 π,则电感滤波后的输出电压平均值

$$U_{O(AV)} = \frac{R_L}{R + R_L} U_{D(AV)} \approx \frac{R_L}{R + R_L} 0.9 U_2 \qquad (5.18)$$

输出电压的交流分量

$$u_o \approx \frac{R_L}{\sqrt{(\omega L)^2 + R_L^2}} u_d \approx \frac{R_L}{\omega L} u_d \qquad (5.19)$$

显然,L 越大,滤波效果越好。

任务实训 滤波电路的搭建及测试

班级：_____ 姓名：_____ 学号：_____ 成绩：_____

做一做

一、任务描述

学生分为若干组，依表5.3准备材料，完成以下工作任务：

(1)电容滤波电路的搭建；

(2)单相桥式整流电容滤波电路的测试。

表5.3 单相桥式整流电容滤波电路

设备与材料	指标或型号
交流电源	220V、50Hz
电阻负载	1kΩ/100W
工频变压器	AC220V 转换为 AC27V
二极管	V2PM10
电解电容	100μF/50V
示波器	—

二、任务实施

任务1：电容滤波电路的搭建

根据图5.10及表5.1来搭建电路。

任务5.2 任务实训

任务2：单相桥式整流电容滤波电路的测试

使用示波器对输出滤波电容 C 的前端及后端进行测试，对应画出输入电压 $u_{C前}$ 与输出电压 $u_{C后}$ 的波形(图5.14)。

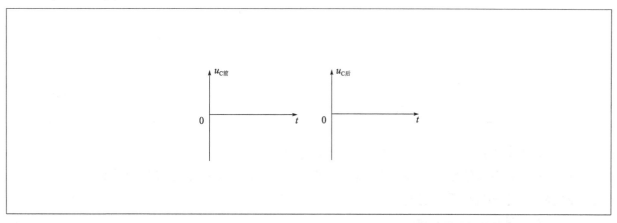

图5.14 输入电压 $u_{C前}$ 与输出电压 $u_{C后}$ 的波形

三、任务评价

根据任务完成情况,完成任务表 5.4 任务评价单的填写。

表 5.4 任务评价单

【自我评价】 总结与反思: 实训人签字:
【小组互评】 该成员表现: 组长签字:
【教师评价】 该成员表现: 教师签字:

【实训注意事项】

(1)用示波器观测波形时,规避示波器自身的滤波功能影响滤波电容 C 功能的观测。

(2)检查好全部接线后再通电。

(3)注意滤波电容 C 的方向。

任务5.3 稳压电路的搭建与测试

知识目标

了解稳压电路的作用。

能力目标

1. 掌握稳压管稳压电路的搭建与测试方法；
2. 掌握串联型稳压电路的搭建与测试方法。

素养目标

培养勤勉好学、踏实分析问题的能力。

看一看

稳压电路的作用是什么？

请观察演示实验，依图5.15搭建稳压电路，U_i保持不变、负载R_L增大，使用示波器观测输出电压U_O值的变化。改变输入电压U_i值，负载电阻R_L保持不变，使用示波器观测输出电压U_O值的变化。

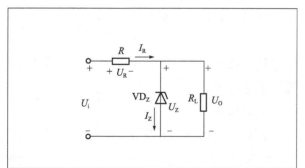

图5.15 稳压电路图

想一想

上述实验说明了什么问题？

(1) 当U_i保持不变、负载R_L增大时，输出电压U_O将增大，稳压管端电压U_Z上升，电流I_Z将迅速增大，流过R的电流I_R也增大，导致U_R上升，从而使输出电压U_O下降。

(2) 当负载电阻R_L保持不变，电网电压下降导致U_i下降时，输出电压U_O也将随之下降，但此时稳压管的电流I_Z急剧减小，则在电阻R上的压降减小，以此来补偿U_i的下降，使输出电压基本保持不变。

学一学

什么是稳压电路？稳压电路是怎样进行稳压的呢？让我们进入以下学习单元吧！

理论学习5.3.1 稳压管稳压电路

虽然整流滤波电路能将正弦交流电压变换成较为平滑的直流电压，但是，一方面，由于输出电压平均值取决于变压器副边电压有效值，所以当电网电压波动时，输出电压平均值将随之产生相应的波动；另一方面，由于整流滤波电路内阻的存在，当负载变化时，内阻上的电压将产生变化，于是输出电压平均值也将随之产生相反的变化。例如，如果负载电阻减小，则负载电流增大，内阻上的电流也随之增大，其压降必然增大，输出电压平均值必将相应减小。因此，整流滤波电路输出电压会随着电网电压的波动而波动，随着负载电阻的变化而变化。为了获得稳定性好的直流电压，必须采取稳压措施。

一、电路组成

由稳压二极管D_Z和限流电阻R所组成的稳压电路是一种最简单的直流稳压电源，如图5.16中虚线框内所示，其输入电压是整流滤波后的电压，输出电压就是稳压管的稳定电压U_Z，R_L是负载电阻。

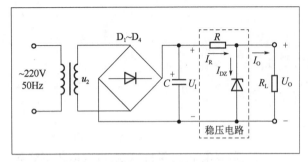

图 5.16 稳压二极管组成的稳压电路

从稳压管稳压电路可得两个基本关系式

$$U_I = U_R + U_O$$

$$I_R = I_{D_Z} + I_O$$

从图 5.17 所示稳压管的伏安特性中可以看出,在稳压管稳压电路中,只要能使稳压管始终工作在稳压管,输出电压就基本稳定。

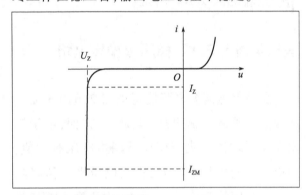

图 5.17 稳压管的伏安特性

二、稳压原理

对任何稳压电路都应从两个方面考察其稳压特性,一是设电网电压波动,研究其输出电压是否稳定;二是设负载变化,研究其输出电压是否稳定。

在图 5.16 所示的稳压管稳压电路中,当电网电压升高时,稳压电路的输出电压随之增大,输出电压也按照比例增大;但是,由于稳压管的伏安特性,U_Z 的增大将使 I_{DZ} 急剧升高,根据稳压管稳压电路的两个基本式,I_R 必然随着 I_{DZ} 急剧增大,U_R 会同时随着 I_R 而急剧增大;而 U_R 的增大必将使得输出电压减小。因此,只要参数选择合适,R 上的电压增量就可以与 U_I 的增量近似相等,从而使得输出电压不变。当电网电压下降时,各电量的变化与上述过程相反。

三、性能指标

对于任何稳压电路,均可用稳压系数 S_r 和输出电阻 R_O 来描述其稳压性能。S_r 定义为负载一定时稳压电路输出电压相对变化量与其输入电压相对变化量之比,即

$$S_r = \frac{\frac{\Delta U_O}{U_O}}{\frac{\Delta U_I}{U_I}} \bigg| R_L = 常数 = \frac{U_I \Delta U_O}{U_O \Delta U_I} \bigg| R_L = 常数$$

(5.20)

S_r 表明电网电压波动的影响,其值越小,电网电压变化时输出电压的变化越小。式中 U_I 为整流滤波后的直流电压。

R_O 为输出电阻,是稳压电路输入电压一定时输出电压变化量与输出电流变化量之比,即

$$R_O = \frac{\Delta U_O}{\Delta I_i} \bigg| U_I = 常数 \qquad (5.21)$$

R_O 表明负载电阻对稳压性能的影响。

四、电路参数的选择

1. 稳压电路输入电压 U_I 的选择

根据经验,一般选择

$$U_I = (2 \sim 3) U_O \qquad (5.22)$$

U_I 确定后,就可以根据此值选择整流滤波电路的元件参数。

2. 稳压管的选择

在稳压管稳压电路中 $U_O = U_Z$;当负载电流 I_L 变化时,稳压管的电流将产生一个与之相反的变化,即 $\Delta I_{DZ} \approx -\Delta I_L$,所以稳压管工作在稳压区所允许的电流变化范围应大于负载电流的变化范围,即 $I_{Zmax} - I_{Zmin} > I_{Lmax} - I_{Lmin}$。所以在选择稳压管时应满足

$$\left. \begin{array}{l} U_Z = U_O \\ I_{Zmax} - I_{Zmin} > I_{Lmax} - I_{Lmin} \end{array} \right\} \qquad (5.23)$$

3. 限流电阻的选择

R 的选择必须满足两个条件:一是稳压管

流过的最小电流应大于稳压管的最小稳定电流；二是稳压管流过的最大电流应小于稳压管的最大稳定电流。

理论学习 5.3.2　串联型稳压电路

稳压管稳压电路输出电流较小、输出电压不可调，不能满足很多场合下的应用。串联型稳压电路以稳压管稳压电路为基础，利用晶体管的电流放大作用，增大负载电流；在电路中引入深度电压负反馈使输出电压稳定，并且通过改变反馈网络参数使输出电压可调。

一、基本调整管电路

如前所述，在图 5.18a)所示的稳压管稳压电路中，负载电流最大变化范围等于稳压管的最大稳定电流和最小稳定电流之差。不难想象，扩大负载电流最简单的方法是：将稳压管稳压电路的输出电流作为晶体管的基极电流，而将晶体管的发射极电流作为负载电流，电路采用射极输出形式，如图 5.18b)所示，常见画法如图 5.18c)所示。

由于图 5.18b)、图 5.18c)所示电路引入了电压负反馈，该电路要求输出电压 U_O 在 U_I 变化或负载电阻 R_L 变化时基本不变。

其稳压原理简述如下。

当电网电压波动引起 U_i 增大或负载电阻 R_L 增大时，输出电压 U_O 将随之增大，即晶体管发射极电势 U_E 升高；稳压管端电压基本不变，即晶体管基极电势 U_B 基本不变，故晶体管的 $U_{BE}=(U_B-U_E)$ 减小，导致 $I_B(I_E)$ 减小，从而使 U_O 减小；因此可以保持 U_O 基本不变。当 U_i 减小或负载电阻 R_L 减小时，变化与上述过程相反。可见，晶体管的调节作用使 U_O 稳定，所以称晶体管为调整管，称图 5.16b)、图 5.16c)所示电路为基本调整管电路。

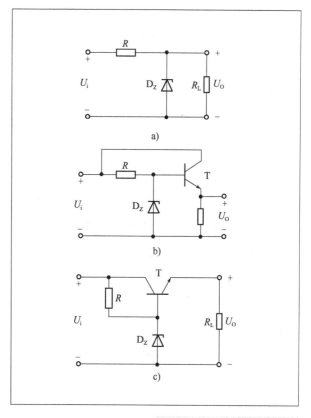

图 5.18　基本调整管稳压电路

根据稳压管稳压电路输出电流的分析已知，晶体管基极的最大电流为 $(I_{Zmax}-I_{Zmin})$，因而图 5.18b)所示的最大负载电流为

$$I_{Lmax}=(1+\beta)(I_{Zmax}-I_{Zmin}) \quad (5.24)$$

这也就大大提高了负载电流的调节范围。输出电压为

$$U_O=U_Z-U_{BE} \quad (5.25)$$

从上述稳压过程可知，要想使调整管起到调整作用，必须使之工作在放大状态，因此其管压降应大于饱和管压降 U_{CES}；换言之，电路应满足 $U_i \gg U_{CES}+U_O$ 的条件。由于调整管与负载相串联，故称这类电路为串联型稳压电源；由于调整管工作在线性区，故称这类电路为线性稳压电源。

二、具有放大环节的串联型稳压电路

为了使输出电压可调，也为了加深电压负反馈以提高输出电压的稳定性，通常在基本调整管稳压电路的基础上引入放大环节。

1. 电路的构成

若同相比例运算电路的输入电压为稳定电压,且比例系数可调,则其输出电压就可调节;同时,为了扩大输出电流,集成运放输出端加晶体管,并保持射极输出形式,就构成具有放大环节的串联型稳压电路,如图 5.19 所示。输出电压为

$$U_O = \left(1 + \frac{R_1 + R''_2}{R'_2 + R_3}\right)U_Z \qquad (5.26)$$

由于集成运放开环差模增益可达 80dB 以上,电路引入深度电压负反馈,输出电阻趋近于零,因而输出电压相当稳定。图 5.19a) 为具有放大环节的串联型稳压电路,图 5.19b) 为电路的常见画法。

在图 5.19b) 所示电路中,晶体管 T 为调整管,电阻 R 与稳压管 D_Z 构成基准电压电路,电阻 R_1、R_2 和 R_3 为输出电压的采样电路。调整管、基准电压电路、采样电路和比较放大电路是串联型稳压电路的基本组成部分。

2. 稳压原理

当由于某种原因(如电网电压波动或负载电阻的变化等)使输出电压 U_O 增高(降低)时,采样电路将这一变化趋势送到 A 的反相输入端,并与同相输入端电势 U_Z 进行比较放大;A 的输出电压,即调整管的基极电势降低或升高;因为电路采用射级输出形式,所以输出电压 U_O 必然降低或升高,从而使 U_O 得到稳定。

3. 串联型稳压电路的方框图

根据上述分析,实用的串联型稳压电路至少包含调整管、基准电压电路、采样电路和比较放大电路等四个部分。此外,为使电路安全工作,还常在电路中加保护电路,所以串联型稳压电路的方框图如图 5.20 所示。

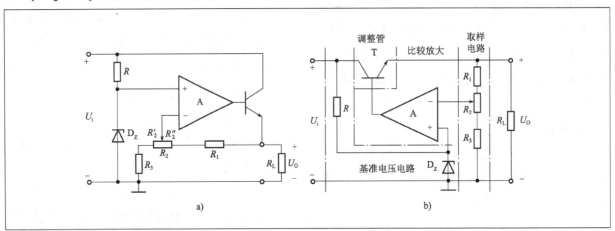

图 5.19 具有放大环节的串联型稳压电路及常见画法

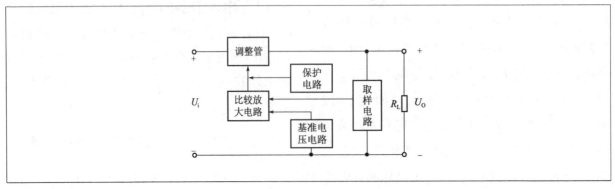

图 5.20 串联型稳压电路的方框图

任务实训 稳压电路的搭建和测试

班级:＿＿＿＿＿ 姓名:＿＿＿＿＿ 学号:＿＿＿＿＿ 成绩:＿＿＿＿＿

一、任务描述

学生分为若干组,依表 5.5 准备材料,完成以下工作任务:

(1) 稳压电路的搭建;

(2) 稳压电路的测试。

表 5.5 单相桥式整流电容滤波电路

设备与材料	指标或型号
直流电源	10V
电阻负载	510Ω/0.25W
稳压二极管	1N5234B
示波器	—

二、任务实施

任务 1:稳压电路的搭建

根据图 5.18a)及表 5.5 来搭建电路。

任务 2:稳压电路的测试

使用示波器对稳压电路的输入端及输出端进行测试,对应画出输入电压 U_i 与输出电压 U_O 的波形(图 5.21)。

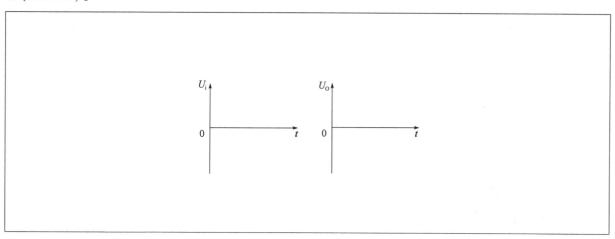

图 5.21 输入电压 U_I 与输出电压 U_O 的波形

三、任务评价

根据任务完成情况,完成任务表5.6任务评价单的填写。

表 5.6 任务评价单

【自我评价】 　　总结与反思: 　　　　　　　　　　　　　　　　　　　　　　　　　　　　　　　实训人签字:
【小组互评】 　　该成员表现: 　　　　　　　　　　　　　　　　　　　　　　　　　　　　　　　组长签字:
【教师评价】 　　该成员表现: 　　　　　　　　　　　　　　　　　　　　　　　　　　　　　　　教师签字:

【实训注意事项】

检查好全部接线后再通电。

任务5.4 稳压集成器的应用

知识目标

理解稳压器的工作原理和保护电路。

能力目标

具备应用W7805稳压器的能力。

素养目标

在稳压集成器的应用实训中，养成严谨细致的工匠精神。

看一看

什么是集成稳压器，它的工作特性是怎样的？请观察演示实验：

(1) 连接好图5.22所示电路；
(2) 使用万用表测量输入电压和输出电压值。

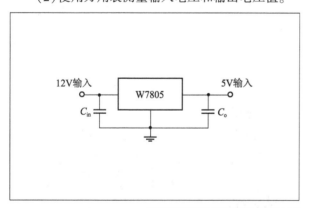

图5.22 集成稳压器应用电路图

学一学

随着半导体集成电路工艺的迅速发展，现在常把串联稳压电路中的取样、基准、比较、放大、调整及保护环节等集成于一个半导体芯片上，构成集成稳压器。集成稳压器具有体积小、质量轻、使用方便、可靠性高等优点，因而得到广泛的应用。

理论学习5.4.1　W7800三端稳压器

从外形上看，集成串联型稳压电路有三个引脚，分别为输入端、输出端和公共端（或调整端），因而称为三端稳压器，三端稳压器可输出稳定电压。按功能可分为固定式稳压电路和可调式稳压电路；前者的输出电压不能进行调节，为固定值；后者可通过外接元件使输出电压得到很宽的调节范围。

一、输出电压和输出电流

W7800系列三端稳压器的输出电压有5V、6V、9V、12V、15V、19V和24V七个挡，型号后面的两个数字表示输出电压值。输出电流有1.5A（W7800）、0.5A（W78M00）和0.1A（W78L00）三个挡。例如，W7805表示输出电压为5V、最大输出电流为1.5A，W78M05表示输出电压为5V、最大输出电流为0.5A，W78L05表示输出电压为5V、最大输出电流为0.1A，其他以此类推。它因性能稳定、价格低廉而得到广泛的应用。

二、主要参数

在温度为25℃条件下W7805的主要参数如表5.7所示。

表 5.7　W7805 的主要参数

参数名称	符号	测试条件	单位	W7805（典型值）
输入电压	U_i		V	10
输出电压	U_O	$I_O = 500\text{mA}$	V	5
最小输入电压	U_{imin}	$I_O \leqslant 1.5\text{A}$	V	7
电压调整率	$S_U(\Delta U_O)$	$I_O = 500\text{mA}$ $8\text{V} \leqslant U_i \leqslant 18\text{V}$	mV	7
电流调整率	$S_I(\Delta U_O)$	$10\text{mA} \leqslant I_O \leqslant 1.5\text{A}$	mA	25
输出电压温度变化率	S_r	$I_O = 5\text{mA}$	mV/℃	1
输出噪声电压	U_{nO}	$10\text{Hz} \leqslant f \leqslant 100\text{kHz}$	uV	40

从表中参数可知，W7805 输入端和输出端之间的电压允许值为 3～13V；输出交流噪声很小，温度稳定性很好。

理论学习 5.4.2　三端稳压器的应用

一、三端稳压器的外形和方框图

与其他大功率器件一样，三端稳压器的外形便于自身散热和安装散热器。封装形式有金属封装和塑料封装两种形式。图 5.23 所示为 W7800 系列产品金属封装、塑料封装的外形图和方框图。

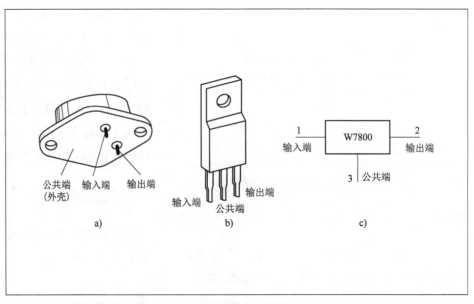

图 5.23　W7800 系列产品金属封装、塑料封装的外形图和方框图

二、W7800 的应用

1. 基本应用电路

W7800 的基本应用电路如图 5.24 所示,输出电压和最大输出电流决定于所选三端稳压器。图中电容 C_i 用于抵消输入线较长时的电感效应,以防止电路产生自激振荡,其容量较小,一般小于 $1\mu F$。电容 C_o 用于消除输出电压中的高频噪声,可取小于 $1\mu F$ 的电容,也可取几微法甚至几十微法的电容,以便输出较大的脉冲电流。但是若 C_o 容量较大,一旦输入端断开,C_o 将从稳压器输出端向稳压器放电,易使稳压器损坏。因此,可在稳压器的输入端和输出端之间跨接一个二极管,如图中虚线所画,起保护作用。

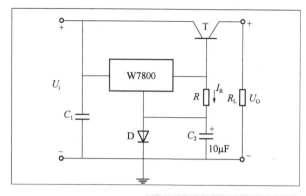

图 5.25 一种输出电流扩展电路

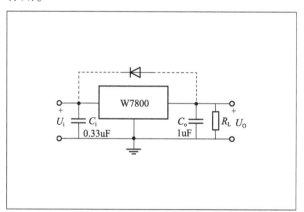

图 5.24 W7800 的基本应用电路

2. 扩大输出电流的稳压电路

若所需输出电流大于稳压器标称值时,可采用外接电路的方式来扩大输出电流。图 5.25 所示电路为实现输出电流扩展的一种电路,设三端稳压器的输出电压为 U'_o。图示电路的输出电压 $U_o = U'_o + U_D - U_{BE}$,在理想情况下,即 $U_D = U_{BE}$ 时,$U_o = U'_o$,可见,二极管用于消除 U_{BE} 对输出电压的影响。

3. 输出电压可调的稳压电路

图 5.26 所示电路为利用三端稳压器构成的输出电压可调的稳压电路,U'_o 为三端稳压器输出电压。图中电阻 R_2 中流过的电流为 I_{R2},R_1 中的电流为 I_{R1},稳压器公共端的电流为 I_W,因而 $I_{R2} = I_{R1} + I_W$。

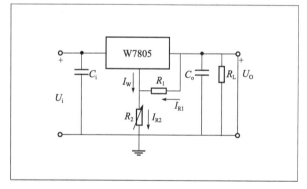

图 5.26 输出电压可变的稳压电路

输出电压等于 R_1 上的电压与 R_2 上电压之和,所以输出电压为

$$U_O = U'_O + \left(\frac{U'_O}{R_1} + I_W\right)R_2 \qquad (5.27)$$

$$U_O = \left(\frac{R_2}{R_1} + 1\right)U'_O + I_W R_2 \qquad (5.28)$$

改变 R_2 滑动端的位置,可以调节输出电压的大小。

任务实训 识别并搭建三端稳压器电路

班级：_____ 姓名：_____ 学号：_____ 成绩：_____

一、任务描述

学生分为若干组，每组提供三端稳压器 W7805、W7815、W7824 各一只，完成以下工作任务：
(1)识别三端稳压器；
(2)测试三端稳压电路。

二、任务实施

任务 1：识别三端稳压器

(1)识读三端稳压器的型号，写出各三端稳压器的输出电压和电流值，画出三端稳压器的外形示意图。

(2)识读各三端稳压器的引脚，填写表 5.8。

表 5.8　三端稳压器的引脚功能

型号	引脚功能		
	1 脚	2 脚	3 脚
W7805			
W7815			
W7824			

任务 2：测试三端稳压电路

(1)依图 5.22 搭建稳压电路，使用万用表测试输出端电压值，将所测电压值记录在表 5.9 中；
(2)将 W7805 更换为 W7815 和 W7824，将所测电压值记录在表 5.9 中。

表 5.9　稳压电路输出端电压值

型号	W7805	W7815	W7824
输出端电压值(V)			

三、任务评价

根据任务完成情况,完成任务表 5.10 任务评价单的填写。

表 5.10 任务评价单

【自我评价】 　　总结与反思:
实训人签字:
【小组互评】 　　该成员表现:
组长签字:
【教师评价】 　　该成员表现:
教师签字:

【实训注意事项】

(1)检查好全部接线后再通电。

(2)使用万用表进行测试时,避免人体电阻的引入引起测量误差。

应知应会要点归纳

现将各部分归纳如下。

整流电路的搭建与测试	(1) 直流稳压电源由变压器、整流电路、滤波电路和稳压电路四部分组成。 (2) 单相半波整流电路的工作特性是其只在交流电压的正半周内才有电流通过负载。 (3) 单相桥式整流电路的工作特性是其在交流电压的正负半周内均有电流通过负载,且电流方向不变。在电路中的二极管选型时,要充分考虑到电压、电流的余量
滤波电路的测试	滤波电路主要包括电容滤波电路、电感滤波电路和电容电感综合滤波电路,其主要目的是得到比较平滑的直流电压波形
稳压电路的搭建与测试	在整流、滤波后得到的直流输出电压往往不稳定,为了获得稳定性好的直流电压,有必要采取稳压措施,即在整流滤波之后接入稳压电路
稳压集成器的应用	把串联稳压电路中的取样、基准、比较、放大、调整及保护环节等集成于一个半导体芯片上,即构成集成稳压器,它具有变换电压和稳定电压的作用

知识拓展

DC/DC 转换器

DC/DC 转换器是转变输入电压并有效输出固定电压的电压转换器。DC/DC 转换器分为三类:升压型 DC/DC 转换器、降压型 DC/DC 转换器以及升降压型 DC/DC 转换器。根据需求可采用三类控制。PWM 控制型效率高并具有良好的输出电压纹波和噪声。PFM 控制型具有耗电小的优点。PWM/PFM 转换型在小负载时实行 PFM 控制,在重负载时自动转换到 PWM 控制。

DC/DC 转换器不仅能起调压的作用(开关电源),同时还能起到有效地抑制电网侧谐波电流噪声的作用。DC/DC 转换器广泛应用于手机、MP3、数码相机、便携式媒体播放器等产品中,DC/DC 转换器在工业自动化设备里也有广泛使用。非隔离型的 DC/DC 转换器的主要工作电路有 6 种:buck 斩波电路、boost 斩波电路、buck-boost 斩波电路、Cuk 斩波电路、Sepic 斩波电路和 Zeta 斩波电路。

软开关技术是 DC/DC 转换器的一大技术发展方向,通过在开关过程前后引入谐振,就可以消除开关过程中电压、电流的重叠,从而大大减小甚至消除开关损耗。理想的软开关关断过程是电流先降到零,电压再缓慢上升到断态值,所以关断损耗近似为零。由于器件关断前电流已下降到零,解决了感性关断问题。理想的软开通过程是电压先降到零,电流再缓慢上升到通态值,所以开通损耗近似为零,器件结电容的电压亦为零,解决了容性开通的问题。同时,开通时,二极管反向恢复过程已经结束,因此二极管反向恢复问题不存在。

项目5 知识拓展

评价反馈

班级:_____ 姓名:_____ 学号:_____ 成绩:_____

5.1 判断(每题3分,共9分)

(1)直流电源是一种能量转换电路,它将交流电能转换为直流电能。
(　　)

(2)当输入电压 U_i 和负载电流 I_L 变化时,稳压电路的输出电压是绝对不变的。
(　　)

(3)在变压器二次侧电压和负载电阻相同的情况下,桥式整流电路的输出电流是半波整流电路输出电流的2倍。
(　　)

5.2 选择(每题3分,共6分)

(1)整流的目的是(　　)。

A.将交流变为直流　　B.将高频变为低频　　C.将正弦波变为方波

(2)以下哪个挡位的电压值不是W7800系列三端稳压器的常见输出电压(　　)?

A.5V　　　　　　　　B.7V　　　　　　　　C.12V

5.3 稳压管的 D_Z 稳定电压为6V,稳压管的最大稳定电流 I_{Zmax} 为40mA,稳压管的最小稳定电流 I_{Zmin} 为5mA,输入电压 U_I 为15V,波动范围 ±10%,限流电阻 R 为200Ω,电路图为题5.3图,试求负载电流 I_L 的范围为多少?(15分)

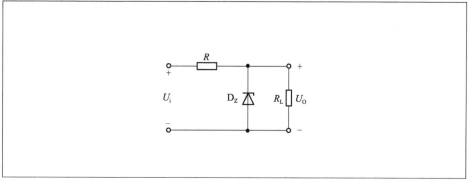

题5.3图

项目5 教学情况反馈单

评价项目	评价内容	评价等级				得分
		优秀	良好	合格	不合格	
教学目标 (10分)	知识与能力目标符合学生实际情况	5	4	3	2	
	重点突出、难点突破	5	4	3	2	
教学内容 (15分)	知识容量适中、深浅有度	5	4	3	2	
	善于创设恰当情境,让学生自主探索	5	4	3	2	
	知识讲授正确,具有科学性和系统性,体现应用与创新知识	5	4	3	2	
教学方法及手段 (20分)	教法灵活,能调动学生的学习积极性和主动性,注重能力培养	10	8	6	4	
	能恰当运用图标、模型或现代技术手段进行辅助教学	10	8	6	4	
教学过程 (30分)	教学环节安排合理,知识衔接自然	10	8	6	4	
	注重知识的发生、发展过程,有学法指导措施,课堂信息反馈及时	10	8	6	4	
	评价意见中肯且有激励作用,帮助学生认识自我、建立信心	10	8	6	4	
教师素质 (10分)	教态自然,语言表述清楚,富有激情和感染力	10	8	6	4	
教学效果 (15分)	课堂气氛活跃,学生积极主动地参与学习全过程,并在学法上有收获	5	4	3	2	
	大多数学生能正确掌握知识,并能运用知识解决简单的实际问题	10	8	6	4	
总分		100	80	60	40	
老师,我想对您说						

项目6 组合逻辑电路

问题导学

1. 什么是数字信号？什么是数字电路？
2. 数字信号适合用哪种数制表示？数制之间如何相互转换？
3. 基本的逻辑运算包括哪些内容？复合逻辑运算包括哪些内容？
4. 逻辑函数有哪几种形式？逻辑表达式与真值表之间如何转换？
5. 逻辑函数的公式法化简包括哪些内容？
6. 基本的逻辑门电路和组合逻辑门电路包括什么？
7. 组合逻辑电路的分析方法和设计方法步骤有哪些？
8. 什么是编码器、译码器、数据选择器、加法器和数值比较器？

思维导图

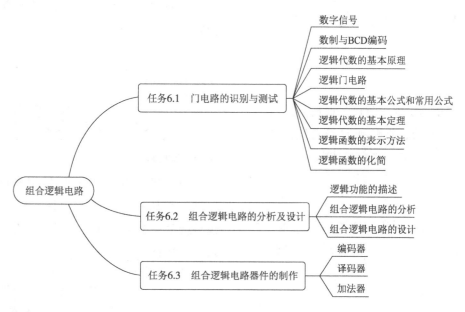

情境导入

计算机系统之底层是硬件，而硬件之底层是电路。组合逻辑电路是数字电路的重要组成部分，小张想要认真学习组合逻辑电路设计的思路与方法，体会所学知识点相互之间的联系及在实际中的应用，为投身我国今后的半导体事业奠定自身良好的知识基础，他通过查阅相关资料了解到，面对组合逻辑电路，我们能够做的事情包括写真值表、写逻辑表达式、画波形图、分析电路功能等。

任务 6.1　门电路的识别与测试

知识目标

1. 理解模拟信号与数字信号的区别；
2. 了解脉冲波形主要参数的含义及常见脉冲波形；
3. 掌握数字信号的表示方法，了解数字信号在日常生活中的应用；
4. 掌握二进制数、十六进制数的表示方法；
5. 掌握基本逻辑门的逻辑功能，了解复合逻辑门的逻辑功能。

能力目标

1. 能够进行二进制数与十进制数之间的相互转换；
2. 具备根据要求合理选用集成门电路的能力；
3. 能够识别并测试常用门电路的引脚和逻辑功能。

素养目标

通过常见门电路识别与测试实训任务，培养敬业、精益、专注、创新的职业精神，弘扬自信自强、守正创新、踔厉奋发、勇于前行的精神品质。

看一看

教师应用计算器进行数学计算，学生观看计算过程，联系自己以往所学的知识，思考计算器的工作原理是什么。

想一想

日常生活中有哪些数字电子技术的应用？

数字电子技术是现代技术的一个重要方面，被广泛应用于电子计算机、自动控制、遥感遥测、雷达、电视、广播、通信等许多领域，已进入人类生产、生活的各个方面。

学一学

什么是数字电子技术？数字电子技术与我们前几章所学习的技术有什么区别？

理论学习 6.1.1　数字信号

一、模拟信号与数字信号

模拟信号和数字信号是典型的两大类信号。凡在数值上和时间上都是连续变化的信号，称为模拟信号，例如，随声音、温度、压力等物理量做连续变化的电压或电流，都是模拟信号。凡在数值上和时间上离散变化的信号，称为数字信号。如图 6.1 所示的只有高、低电平跳变的矩形脉冲信号，就是典型的数字信号。不连续性和突变性是数字信号的主要特性。

图 6.1　矩形脉冲信号

由于数字信号只有高、低电平两种状态，如果赋予高电平代表 1、低电平代表 0，则一组脉冲信号就是一串用 1、0 表示的数字量，如图 6.2 所示。这就是把这类信号称为数字信号的原因。

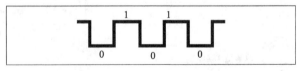

图 6.2　脉冲的数字表示

用这种高、低电平可以表示自然界中各种物理量的有与无、大与小、是与非、真与假、明与暗、多与少，只要按一定的要求建立起某种逻辑函数式，就可以将输入信息明确地表示出来,并实现判断、推理、计算和记忆等处理。

二、模拟电路与数字电路

传递和处理模拟信号的电路叫作模拟电路,传递和处理的数字信号的电路叫作数字电路。

数字电路便于集成、能耗低、体积小、易于纠错,部分数字芯片可编写工作逻辑,因此数字信号在工业控制、通信等许多领域几乎已经取代模拟电路,所以,人们把现在的数字技术革新又叫作数字经济、数字时代等。数字电路具备以下特性:

(1)数字信号可以用开关的通断来实现0和1两种状态,因此数字电路是一系列的开关电路。这种电路结构简单,便于集成和制造,价格便宜。

(2)数字电路可进行逻辑运算,因而数字电路又称为逻辑电路。

(3)在数字电路中,侧重研究输入、输出信号间的逻辑关系及其所反映的逻辑功能。分析数字电路所使用的数学工具主要是逻辑代数。

三、脉冲的概念及波形

瞬间突然变化、作用时间极短的电压或电流称为脉冲信号,简称脉冲。常见的几种脉冲波形如图6.3所示。

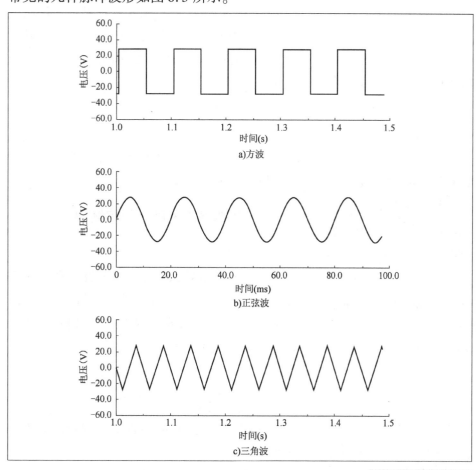

图6.3 常见脉冲波形

在数字电路中,矩形波是最常见也是最典型的工作信号。理想的矩形波如图 6.1 所示,每个波形都有一个上升边沿(简称上升沿)和下降边沿(简称下降沿),中间为平顶部分。因为实际的跳变总需要一定的时间,这就使得实际矩形脉冲的上升沿和下降沿都不可能那么陡峭,中间部分也不可能绝对平坦,在其延续的后期总会有点下降,如图 6.4 所示。

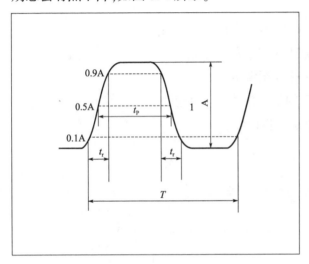

图 6.4　实际的矩形波波形

描述矩形脉冲波形的特性,常用到以下几个主要参数。

(1)幅度 U_m:脉冲电压变化的最大值,单位为伏(V)。

(2)脉冲上升沿 t:脉冲从幅度的 10% 处上升到幅度的 90% 处所需的时间,单位为秒(s)。

(3)脉冲下降沿 t:脉冲从幅度的 90% 处下降到幅度的 10% 处所需的时间,单位为秒(s)。

(4)脉冲宽度:脉冲上升沿和下降沿幅度为 50% 处的时间间隔,单位为秒(s)。

(5)脉冲周期 T:相邻两脉冲波对应点间的时间间隔,单位为秒(s)。

查一查

查阅各种资料,了解数字电路的发展史及数字电路的各种应用。

理论学习 6.1.2　数制与 BCD 编码

一、几种常用数制

1. 十进制

十进制是日常生活和工作中最常使用的进位计数制。在十进制数中,每一位有 0～9 十个数码,所以计数的基数是 10。超过 9 的数必须进一位表示,其中低位和相邻高位之间的关系是"逢十进一",故称为十进制。

2. 二进制

目前在数字电路中应用最广泛的是二进制。在二进制数中,每一位仅有 0 和 1 两个可能的数码,所以计数基数为 2。低位和相邻高位间的进位关系是"逢二进一",故称为二进制。

3. 八进制

在某些场合有时也使用八进制。八进制数的每一位有 0～7 八个不同的数码,计数的基数为 8。低位和相邻的高位之间的进位关系是"逢八进一"。

4. 十六进制

十六进制数的每一位有十六个不同的数码,分别用 0～9、A(10)、B(11)、C(12)、D(13)、E(14)、F(15)表示。

二、几种常用数制之间的转换

1. 二-十转换

将二进制数转换为等值的十进制数称为二-十转换。转换时只要将二进制数按下式展开,然后将所有各项的数值按十进制数相加,就可以得到等值的十进制数了。

$$D = \sum k_i 2^i \tag{6.1}$$

2. 十-二转换

所谓十-二转换,就是将十进制数转换为等值的二进制数。

首先讨论整数的转换:

假定十进制整数位$(S)_{10}$,等值的二进度数为$(k_n k_{n-1} \cdots k_0)_2$,则根据二-十转换公式可知

$$(S)_{10} = k_n 2^n + k_{n-1} 2^{n-1} + \cdots + k_1 2^1 + k_0 2^0$$
$$= 2(k_n 2^{n-1} + k_{n-1} 2^{n-2} + \cdots + k_1) + k_0$$
(6.2)

上式表明:若将$(S)_{10}$除以2,则得到的商为$k_n 2^{n-1} + k_{n-1} 2^{n-2} + \cdots + k_1$,而余数为$k_0$。

同样。将上式再除以2,可得到下式:

$$k_n 2^{n-1} + k_{n-1} 2^{n-2} + \cdots + k_1$$
$$= 2(k_n 2^{n-1} + k_{n-1} 2^{n-2} + \cdots + k_2) + k_1$$
(6.3)

所以,若将$(S)_{10}$除以2后再除以2,所得余数k_1。

依此类推,反复将每次得到的商再除以2,就可求得二进制数的每一位了。

其次讨论整数的转换:

假定$(S)_{10}$是一个十进制的小数,对应的二进度数为$(0.k_{-1} k_{-2} \cdots k_{-m})_2$,则根据二-十转换公式可知

$$(S)_{10} = k_{-1} 2^{-1} + k_{-2} 2^{-2} + \cdots + k_{-m} 2^{-m}$$
(6.4)

将上式两边同乘以2得到

$$2(S)_{10} = k_{-1} + (k_{-2} 2^{-1} + \cdots + k_{-m} 2^{-m+1})$$
(6.5)

上式说明,将小数$(S)_{10}$乘以2所得乘积的整数部分即k_{-1}。

依此类推,将每次乘2后所得乘积的小数部分再乘以2,便可求出二进制小数的每一位了。

3. 二-十六转换

将二进制数转换为等值的十六进制数称为二-十六转换。

由于4位二进制数恰好有16个状态,而把这4位二进制数看作一个整体时,它的进位输出又正好是逢十六进一,所以只要从低位到高位将整数部分每4位二进制数分为一组并代之以等值的十六进制数,同时从高位到低位将小数部分的每4位数分为一组并代之以等值的十六进制数,即可得到对应的十六进制数。例如:1110010101110011是一个16位的二进制数,从低位到高位,每四位二进制数换成一个16进制数,就等值于E573。

4. 十六-二转换

十六-二转换是指将十六进制数转换为等值的二进制数。转换时只需将十六进制数的每一位用等值的4位二进制数代替就行了。

三、二进制算数运算

1. 二进制算数运算的特点

当两个二进制数码表示两个数量大小时,它们之间可以进行数值运算,这种运算称为算术运算。二进制算术运算和十进制算术运算的规则基本相同,唯一的区别在于二进制数是"逢二进一"而不是十进制数的"逢十进一"。

二进制数的乘法运算可以通过若干次的"被乘数(或零)左移1位"和"被乘数(或零)与部分积相加"这两种操作完成;而二进制数的除法运算能通过若干次的"除数右移1位"和"从被除数或余数中减去除数"这两种操作完成。

2. 原码、反码和补码

原码:二进制数的前面有位符号位。符号位为0表示这个数为正数,符号位为1表示这个数为负数。

反码:正数的反码是其原码本身,负数的反码是在其原码的基础上,符号位不变,其余各个位取反。

补码:正数的补码是其本身,负数的补码是在其原码的基础上,符号位不变,其余各个位取反,并在最后一位上加1(即在反码的基础上加1)。

四、BCD 编码

1. 码制

数字信息有两类:一类是数值,代表大小或

多少,可比较;另一类是文字、符号、图形等,表示非数值的其他事物。对后一类信息,为了便于计算机来处理,也用数码来表示,这些代表信息的数码不再有数值大小的意义,而称为信息代码,简称代码。例如,学号、教学楼里每间教室的编号等就是一种代码。建立代码与文字、符号、图形和其他特定对象之间一一对应关系的过程,称为编码。为了便于记忆、查找、区别,在编写各种代码时,总要遵循一定的规律,这一规律称为码制。

2. 二-十进制编码(BCD码)

在数字系统中,最方便使用的是按二进制数码编制的代码。如在用二进制数码表示一位十进制数0~9十个数码的对应状态时,经常用BCD码,即用四位二进制数码表示一位十进制数码。BCD码有多种码制,常用的是8-4-2-1码制,称为8421BCD码。这种编码的优点是四位二进制数码之间满足二进制的规则,8、4、2、1是四位二进制数所在前四位的权。即从左到右,从低位到高位,依次代表十进制数1、2、4、8。例如十进制数9的BCD码就是1001,3的BCD码就是0011。

查一查

查阅各种资料,了解BCD码的其他编码方式及其编码规律。

理论学习6.1.3 逻辑代数的基本原理

一、逻辑函数的几个常用概念

逻辑函数表示的是一种状态与另一种状态之间的逻辑关系。在逻辑函数中,用字母表示的输入变量和输出变量的逻辑状态都只有1和0两种取值,分别称为逻辑1和逻辑0,它们表示的是事物的两种对立状态,如有与无、高与低、真与假、是与非等。根据1、0代表的逻辑状态含义不同,有正、负逻辑之分。比如,认定"1"表示有、高、真、是、事件发生等,"0"表示无、低、假、非、事件不发生等,称为正逻辑;反之则称为负逻辑。通常,如无特殊说明,采用的都是正逻辑。

二、基本逻辑运算

最基本的逻辑运算是"与""或""非"三种。

1. 与运算

按图6.5所示连接电路,分别拨动开关S_1、S_2,最后同时合上S_1、S_2,仔细观察灯泡的状态变化情况。在这个实验中,S_1、S_2的通、断两种状态和灯的亮、灭两种状态之间存在什么样的逻辑关系?

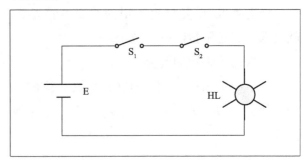

图6.5 与逻辑实验电路

当决定某一事件的所有条件都具备时,该事件才会发生,否则事件不发生。这样的因果关系称为与逻辑。与逻辑关系表见表6.1。

表6.1 与逻辑关系表

输入		输出
开关S_1	开关S_2	灯HL
断	断	灭
断	通	灭
通	断	灭
通	通	亮

若将表6.1的现象进一步分析,S_1用A表示,S_2用B表示,HL用Y表示。当开关接通时表示为1,开关断开时表示为0,灯泡亮为1,灭为0,则可得表6.2。表6.2表明的是与逻辑函数输入和输出之间的对应关系。这种表明对应关系的表称为逻辑真值表,简称真值表。表6.2

是两输入变量与逻辑真值表。

表 6.2　两输入变量与逻辑真值表

输入		输出
A	B	Y
0	0	0
0	1	0
1	0	0
1	1	1

真值表是逻辑函数的一种表示形式。逻辑函数还可用逻辑函数表达式(简称逻辑表达式)表示。两输入变量与逻辑的逻辑表达式为：

$$Y = AB (\text{或}\ Y = A \cdot B, Y = A \times B) \quad (6.6)$$

读作"Y 等于 A 与 B 或 Y 等于 A 乘 B"(通常又把逻辑与称为逻辑乘)。

逻辑与的运算规则为：$0 \times 0 = 0, 0 \times 1 = 0, 1 \times 0 = 0, 1 \times 1 = 1$。

与逻辑的逻辑功能可表述为：有 0 出 0，全 1 出 1。

2. 或运算

按图 6.6 所示连接电路，分别拨动开关 S_1、S_2，最后同时断开 S_1、S_2，仔细观察灯泡的状态变化情况。在这个实验中，S_1、S_2 的通断两种状态和灯的亮灭两种状态之间存在什么样的逻辑关系？

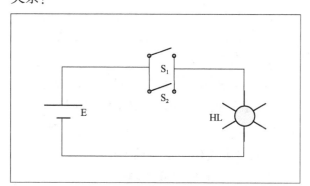

图 6.6　或逻辑实验电路

当决定某一事件的几个条件中，只要有一个或者多个条件具备，该事件就会发生，只有当全部条件都不具备时，事件才不发生。这样的逻辑关系称为或逻辑关系。依据上述实验过程可列出或逻辑关系表，见表 6.3。

据表 6.3 可写出两输入变量或逻辑真值表，见表 6.4。

表 6.3　两输入变量或逻辑关系表

输入		输出
开关 S_1	开关 S_2	灯 HL
断	断	灭
断	通	亮
通	断	亮
通	通	亮

表 6.4　两输入变量或逻辑真值表

输入		输出
A	B	Y
0	0	0
0	1	1
1	0	1
1	1	1

两输入变量或逻辑表达式为

$$Y = A + B \quad (6.7)$$

读作"Y 等于 A 或 B 或 Y 等于 A 加 B"(通常又把逻辑或称为逻辑加)。

逻辑或的运算规则为：$0 + 0 = 0, 0 + 1 = 1, 1 + 0 = 1, 1 + 1 = 1$。

或逻辑的逻辑功能可表述为：全 0 出 0，有 1 出 1。

3. 非运算

按图 6.7 所示连接电路，闭合开关 S，观察灯泡的状态变化情况，断开开关 S，观察灯泡的状态变化情况。在这个实验中，S 的通、断两种状态和灯的亮、灭两种状态之间存在什么样的逻辑关系？

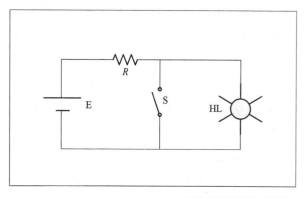

图 6.7　非逻辑实验电路

当决定某一事件的条件具备时,该事件就不会发生;而条件不具备时,该事件就会发生。这样的因果关系称为非逻辑关系。依据上述实验过程可列出非逻辑关系表,见表 6.5。据表 6.5 可写出非逻辑真值表(表 6.6)。

表 6.5　非逻辑关系表

输入	输出
开关 S	灯 HL
断	亮
通	灭

表 6.6　非逻辑真值表

输入	输出
A	B
0	1
1	0

非逻辑表达式为:

$$Y = \overline{A} \quad (6.8)$$

读作"Y 等于 A 非"。

非逻辑的运算规则为:$\overline{0}=1, \overline{1}=0$。

非逻辑的逻辑功能可表述为:入 0 出 1,入 1 出 0。

想一想

在生活中你见过哪些与、或、非逻辑的应用实例?

三、复合逻辑运算

与、或、非是最基本的逻辑,运用三种逻辑可以构成一些复合逻辑,最常见的复合逻辑运算有与非、或非、与或非、异或、同或等。在复合逻辑运算中,运算的顺序是:有括号时,先括号内,再括号外;非号下有运算时,先非号下的运算,再非运算;同级运算时先非,再括号,再与,再或。

1. 与非运算

先进行与运算再进行非运算的运算逻辑称为与非运算。

两输入变量与非逻辑函数表达式为

$$Y = \overline{A \cdot B} \quad (6.9)$$

读作"Y 等于 A 和 B 先与再非运算"。

表 6.7 是两输入变量与非真值表。与非逻辑功能可表述为:有 0 出 1,全 1 出 0。

表 6.7　与非逻辑真值表

A	B	$Y = \overline{A \cdot B}$
0	0	1
0	1	1
1	0	1
1	1	0

2. 或非运算

先进行或运算再进行非运算的运算逻辑称为或非运算。

两输入变量或非逻辑函数表达式为

$$Y = \overline{A + B} \quad (6.10)$$

读作"Y 等于 A 和 B 先或再非运算"。

表 6.8 是两输入变量或非逻辑真值表。或非逻辑功能可表述为:有 1 出 0,全 0 出 1。

表 6.8　或非逻辑真值表

A	B	$Y = \overline{A + B}$
0	0	1
0	1	0
1	0	0
1	1	0

3. 与或非运算

输入变量先与后或再非的运算称为与或非运算。与或非逻辑功能可表述为:在输入变量中,至少有一组全为 1 时,输出为 0,否则,输出为 1。与或非逻辑真值表见表 6.9。

表 6.9　与或非逻辑真值表

A	B	C	D	Y
0	0	0	0	1
0	0	0	1	1
0	0	1	0	1
0	0	1	1	0
0	1	0	0	1
0	1	0	1	1

续上表

A	B	C	D	Y
0	1	1	0	1
0	1	1	1	0
1	0	0	0	1
1	0	0	1	1
1	0	1	0	1
1	0	1	1	0
1	1	0	0	0
1	1	0	1	0
1	1	1	0	0
1	1	1	1	0

四输入变量与或非逻辑函数表达式为：

$$Y = \overline{AB + CD} \quad (6.11)$$

读作"Y等于A和B相与同C和D相与的结果相或再非"。

4. 异或运算

把判别两个输入变量取值是否不同的逻辑关系称为异或逻辑。两个输入变量取值相同，结果为0，相异结果为1。

异或逻辑函数表达式为：

$$Y = \overline{A}B + A\overline{B} \text{ 或 } Y = A \oplus B \quad (6.12)$$

表6.10是异或逻辑真值表。其逻辑功能可表述为：同出0，异出1。

表6.10 异或逻辑真值表

A	B	Y
0	0	0
0	1	1
1	0	1
1	1	0

理论学习6.1.4 逻辑门电路

看一看

什么是门电路？门电路有什么特点？

请观察演示实验：

(1)按图6.8所示连接电路。

(2)输入信号方波脉冲信号(频率为5Hz,高电平信号5V,低电平信号0V),观察发光二极管的状态。

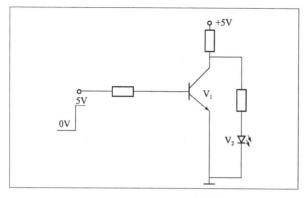

图6.8 实验原理电路

实验结论：

该电路中，当输入电压是+5V时，三极管V_1导通，三极管集电极电压为低电平，发光二极管V_2不发光；而当输入电压是0V时，三极管V_1截止，集电极电源为高电平，促使V_2发光。这个电路可以通过输入电压的高低控制发光二极管的亮灭。这种输入逻辑状态决定输出逻辑状态的电路称为逻辑门电路。

学一学

逻辑门电路有哪些种类呢？它们又是如何工作的呢？怎样才能合理选用各种逻辑门电路呢？让我们进入以下学习单元吧！

所谓逻辑门电路，是指具有某一逻辑功能的电路，即当输入某种逻辑状态时，电路将输出某种与之对应的逻辑状态。在电路中，输入、输出状态是以电压水平来反映的。从逻辑的角度讲，逻辑电路中的电平只能有高电平和低电平两种状态，假设某一控制器输出电压为10V,那其高、低电平的规定如图6.9所示，即高于9V被判定为高电平，低于0.4V被判定为低电平。

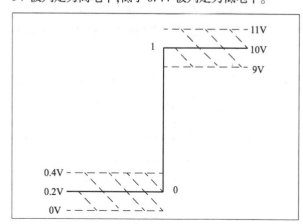

图6.9 高、低电平的规定

一、基本逻辑门电路

最基本的逻辑门有与门、或门、非门三种，分别对应于与、或、非逻辑。

1. 与门

最简单的与门可以由二极管和电阻组成。图 6.10 所示是有两个输入端的二极管与门电路中，图中 A、B 为两个输入变量，Y 为输出变量。

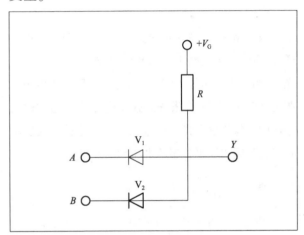

图 6.10　二极管与门

设 $V_G = 5V$，A、B 输入端的高、低电平分别为 3V 和 0V，两个二极管的正向导通压降均为 0.7V。由图可见，A、B 当中只要有一个是低电平 0V，则必有一个二极管导通，使 Y 为 0.7V。只有 A、B 同时为高电平 3V 时，Y 才为 3.7V。如果规定 3V 以上为高电平，用逻辑 1 表示；0.7V 以下为低电平，用逻辑 0 表示，则可得到表 6.11 的与门真值表。显然，Y 和 A、B 是与逻辑关系。通常也用与逻辑运算的图形符号作为与门电路的逻辑符号，如图 6.11 所示，其逻辑表达式为 $Y = AB$。在已知各输入状态波形条件下，可作出其输出状态波形图，如图 6.12 所示。

表 6.11　与门真值表

A	B	Y
0	0	0
0	1	0
1	0	0
1	1	1

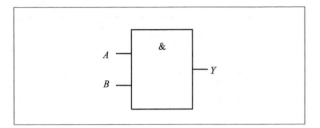

图 6.11　与门的逻辑符号

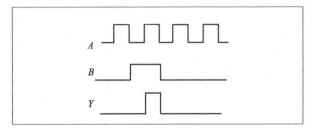

图 6.12　与门的波形分析

图 6.10 所示电路满足与逻辑的要求：只有所有输入为高电平时，输出才是高电平，否则输出就是低电平，即"全 1 出 1，有 0 出 0"，所以是与门。

这种与门电路虽然很简单，但是存在着严重的缺点。首先，输出的高、低电平数值和输入的高、低电平数值不相等，相差一个二极管的导通压降。如果把这个门的输出信号作为下一级门的输入信号，将发生信号高、低电平的偏移。其次，当输出端对地接上负载电阻时，负载电阻的改变有时会影响输出的高电平。因此，这种二极管与门电路仅用作集成电路内部的逻辑单元，而不用它直接去驱动负载电路。

2. 或门

最简单的或门可以由二极管和电阻组成。图 6.13 所示是有两个输入端的二极管或门电路，图中 A、B 为两个输入变量，Y 为输出变量。

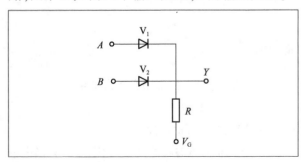

图 6.13　二极管或门

设 $V_G = 5V$，A、B 输入端的高、低电平分别为 5V 和 0V，两个二极管的正向导通压降均为 0.7V。由图可见，A、B 当中只要有一个是高电平 5V，则必有一个二极管导通，使 Y 为 4.3V。只有当 A、B 同时为低电平 0V 时，Y 才为 0V。如果规定 3V 以上为高电平，用逻辑 1 表示；0.7V 以下为低电平，用逻辑 0 表示，则可得到表 6.12 的或门真值表。显然，Y 和 A、B 是或逻辑关系。通常也用或逻辑运算的图形符号作为或门电路的逻辑符号，如图 6.14 所示，其逻辑表达式为 $Y = A + B$。在已知各输入状态波形条件下，可作出其输出状态波形图，如图 6.15 所示。

表 6.12 或门真值表

A	B	Y
0	0	0
0	1	1
1	0	1
1	1	1

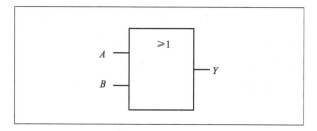

图 6.14 或门的逻辑符号

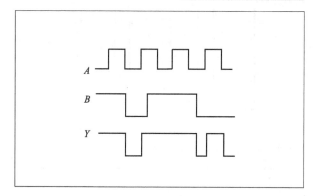

图 6.15 或门的波形分析

可见图 6.13 所示电路满足或逻辑关系的要求：输入只要有高电平，输出就为高电平；输入全为低电平，输出才为低电平，即"全 0 出 0，有 1 出 1"，所以是或门。

3. 非门

非门能实现非逻辑关系。

最简单的与门可以由三极管和电阻组成。图 6.16 所示是有三极管或门电路，图中 A 为输入变量，Y 为输出变量。

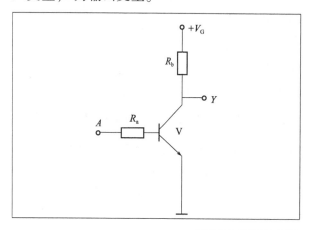

图 6.16 三极管非门

A 为 0 时，三极管工作于截止状态，输出为高电平，Y 为 1。A 为 1 时，三极管工作于饱和状态，输出为低电平，Y 为 0。

可见电路满足非逻辑关系的要求：输入低电平，输出为高电平；输入高电平，输出为低电平，即"入 0 出 1，入 1 出 0"，所以是非门。

非门的逻辑符号如图 6.17 所示。非门只有一个输入端。其逻辑表达式为 $Y = \overline{A}$。在已知输入状态波形条件下，可作出其输出状态波形图，如图 6.18 所示。

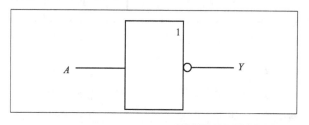

图 6.17 非门的逻辑符号

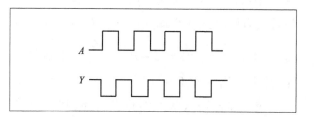

图 6.18 非门的波形分析

二、组合逻辑门电路

将与门、或门、非门组合起来使用,可以构成具有各种不同功能的组合逻辑门电路。常见的组合逻辑门电路有与非门、或非门、与或非门、异或门等。

1. 与非门

把一个与门和一个非门直接连接起来可以构成一个与非门,其中与门的输出作为非门的输入,图 6.19 所示为与非门的逻辑符号。与非门可具有两个或多个输入端。逻辑表达式为 $Y = \overline{AB}$。与非门的逻辑功能为"有 0 出 1,全 1 出 0"。

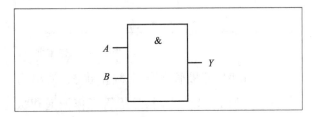

图 6.19 与非门的逻辑符号

在已知各输入状态波形条件下,可作出其输出状态波形图,如图 6.20 所示。

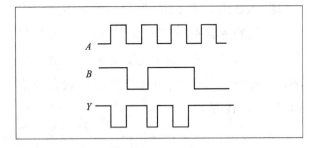

图 6.20 与非门的波形分析

2. 或非门

把一个或门和一个非门直接连接起来可以构成一个或非门,其中或门的输出作为非门的输入,图 6.21 所示为或非门的逻辑符号。或非门可具有两个或多个输入端。具有两个输入端时,逻辑表达式为 $Y = \overline{A+B}$。或非门的逻辑功能为"有 1 出 0,全 0 出 1"。

在已知各输入状态波形条件下,可作出其输出状态波形图,如图 6.22 所示。

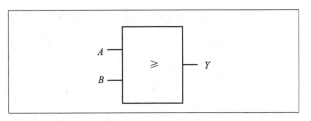

图 6.21 或非门的逻辑符号

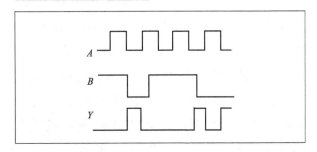

图 6.22 或非门的波形分析

3. 与或非门

将输入信号先与再或再非的电路即可构成一个与或非门。图 6.23 所示是由两个与门、一个或门及一个非门连接构成的与或非门。图 6.24 所示是与或非门的逻辑符号,逻辑表达式为 $Y = \overline{AB + CD}$。与或非门的逻辑功能为"当输入变量中,至少有一组全为 1 时,输出为 0,否则,输出为 1"。在已知各输入状态波形条件下,可作出其输出状态波形图,如图 6.25 所示。

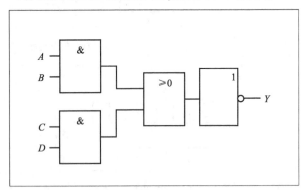

图 6.23 基本门组成的与或非门

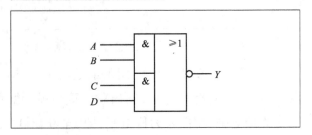

图 6.24 与或非门的逻辑符号

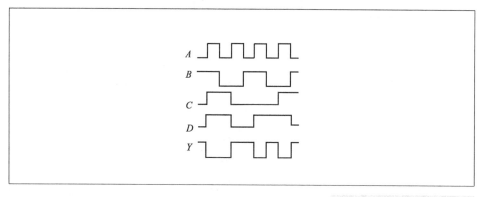

图 6.25 与或非门的波形分析

4. 异或门

能实现异或功能的逻辑门电路为异或门。图 6.26 所示是异或门的逻辑符号。逻辑表达式为 $Y = A\bar{B} + \bar{A}B$，逻辑功能为"输入相同，输出为 0；输入相异，输出为 1"。在已知各输入状态波形条件下，可作出其输出状态波形图，如图 6.27 所示。

逻辑与

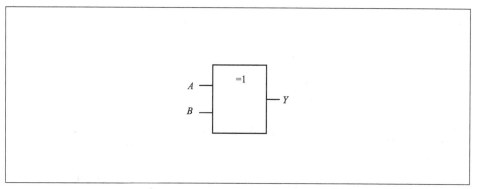

图 6.26 异或门的逻辑符号

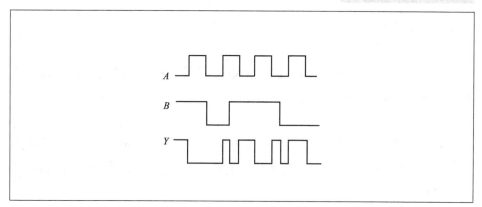

图 6.27 异或门的波形分析

理论学习 6.1.5　逻辑代数的基本公式和常用公式

表 6.13 给出了逻辑代数的基本公式，这些公式也称为布尔恒等式。

表 6.13　逻辑代数的基本公式

序号	公式	序号	公式
1	$0 \cdot A = 0$	10	$1' = 0; 0' = 1$
2	$1 \cdot A = 1$	11	$1 + A = 1$
3	$A \cdot A = A$	12	$0 + A = A$
4	$A \cdot A' = 0$	13	$A + A = A$
5	$A \cdot B = B \cdot A$	14	$A + A' = 1$
6	$A \cdot (A \cdot B) = (A \cdot B) \cdot A$	15	$A + B = B + A$
7	$A \cdot (A + C) = A \cdot B + A \cdot C$	16	$A + (B + C) = (A + B) + C$
8	$(A \cdot B)' = A' + B'$	17	$A + B \cdot C = (A + B) \cdot (A + C)$
9	$(A')' = A$	18	$(A + B)' = A' \cdot B'$

表 6.14 中列出了几个常用公式,这些公式是利用基本公式导出的。

表 6.14　常用公式

序号	公式
1	$A + A \cdot B = A$
2	$A + A' \cdot B = A + B$
3	$A \cdot B + A' \cdot B = A$
4	$A \cdot (A + B) = A$
5	$A \cdot B + A' \cdot C + B \cdot C = A \cdot B + A' \cdot C$ $A \cdot B + A' \cdot C + B \cdot C \cdot D = A \cdot B + A' \cdot C$
6	$A \cdot (A + B)' = A \cdot B; A' \cdot (AB)' = A'$

理论学习 6.1.6　逻辑代数的基本定理

同学们请注意区分逻辑代数与逻辑函数。逻辑代数是研究逻辑函数(因变量)与逻辑变量(自变量)之间规律性的一门应用数学,是分析和设计逻辑电路的数学工具。

1. 代入定理

在任何一个包含变量 A 的逻辑等式中,若以另外一个逻辑式代入式中所有 A 的位置,则等式仍然成立。

2. 反演定理

对于任意一个逻辑式 Y,若将其中所有的"·"换成"+"、"+"换成"·"、0 换成 1、1 换成 0、原变量换成反变量、反变量换成原变量,则得到的结果就是 Y'。

反演定理为求取已知逻辑式的反逻辑式提供了方便。

在使用反演定理时,还需注意遵守以下两个规则:

(1)仍需遵守"先括号、然后乘、最后加"的运算优先次序。

(2)不属于单个变量上的反号应保留不变。

3. 对偶定理

若两逻辑式相等,则它们的对偶式也相等。

对偶式：对于任何一个逻辑式 Y，若将其中所有的"·"换成"+"、"+"换成"·"、0换成1、1换成0，则得到一个新的逻辑式Y^D。

理论学习6.1.7　逻辑函数的表示方法

一、逻辑函数式的几种形式

根据实际需求，可利用逻辑函数的基本定律，进行恒等变换使逻辑函数式表示为不同形式。如：

$$Y = (A+\bar{C})(C+D) \quad \text{或-与表达式}$$
$$= AC + \bar{C}D \quad \text{与-或表达式}$$
$$= \overline{\overline{(A+\bar{C})} + \overline{(C+D)}} \quad \text{或非-或非表达式}$$
$$= \overline{\overline{AC + \bar{C}D}} \quad \text{与-或-非表达式}$$

上述各表达形式中，与-或表达式是比较常见的一种，它也比较容易与其他形式的表达式互换。此外，通过后面的学习，读者将知道，由于与非门集成电路的大量使用，与非-与非表达式的实用价值也较大。

二、逻辑表达式与真值表之间的转换

在对实际逻辑关系进行分析时，常需在逻辑表达式与真值表之间进行转换。

1. 由逻辑表达式求真值表

将输入变量取值的所有组合状态逐一代入逻辑式求出函数值，列成表，即得到真值表。之前在进行基本逻辑和常用组合逻辑关系分析时，就用了这一方法。

2. 由真值表写逻辑表达式

将真值表中使输出变量取值为1的输入变量取值组合选出来；在这些输入变量取值组合中，凡取值为1的变量写成原变量（如 A、B 等），凡取值为0的变量写成反变量（如 $\bar{A}$、$\bar{B}$ 等）；然后，相乘得到一个输入变量乘积项；最后，把这些输入变量乘积项相加，就得到了相应的与-或表达式。

理论学习6.1.8　逻辑函数的化简

每一个逻辑函数式都体现着一个电路。因此，如果逻辑函数表达式简单，则实现该逻辑函数的电路所需的元器件就比较少，既可节约器材、降低成本，又可提高电路的可靠性。逻辑函数化简的目的是使其表达式最简，一般是最简与-或式。最简与-或式的标准是：第一，乘积项的个数最少；第二，在保

证乘积项最少的前提下,每个乘积项中的变量个数最少。

运用逻辑代数的基本定律和一些恒等式化简逻辑函数式的方法,称为公式法化简。公式法化简常采用以下几种具体方法。

一、吸收法

利用公式 $A + AB = A$,消去多余的项。如

$$Y = A\bar{B} + A\bar{B}C(D + E) = A\bar{B}$$

$$Y = C + \overline{ABC} = C$$

二、并项法

利用公式 $A + \bar{A} = 1$,将两项并为一项,并消去一个变量。如

$$Y = AB + A\bar{B} = A$$

$$Y = A\bar{B} \cdot \bar{C}D + A\bar{B} \cdot \bar{C} \cdot \bar{D} = A\bar{B} \cdot \bar{C}$$

三、消去法

利用公式 $A + \bar{A}B = A + B$、$AB + \bar{A}C + BC = AB + \bar{A}C$,消去多余的因子或乘积项。如

$$Y = \bar{A} + AB = \bar{A} + B$$

$$Y = AB + \bar{A}C + \bar{B}C = AB + (\bar{A} + \bar{B})C = AB + \overline{AB}C = AB + C$$

$$Y = A\bar{B} \cdot \bar{C} + \bar{A} \cdot \bar{D} + \bar{B} \cdot \bar{C} \cdot \bar{D} = A\bar{B} \cdot \bar{C} + \bar{A} \cdot \bar{D}$$

四、配项法

利用公式 $A + \bar{A} = 1$,增加必要的乘积项,再用并项或吸收的办法化简。如

$$Y = AB + \bar{A}C + BCD = AB + \bar{A}C + (A + \bar{A})BCD$$

$$= AB + ABCD + \bar{A}C + \bar{A}BCD$$

$$= AB(1 + CD) + \bar{A}C(1 + BD) = AB + \bar{A}C$$

在实际化简过程中,有时要灵活使用上述方法和相关公式。这需要读者多加练习,掌握一定的技巧,才能快速、便捷地得到最简的与-或表达式。

任务实训 识别与测试常用的门电路

班级：_____ 姓名：_____ 学号：_____ 成绩：_____

一、任务描述

学生分成若干组，每组提供74LS03一只、74LS04一只、万用表一个、+5V直流电源一个。完成以下工作任务：

(1)74LS04非门电路的识别与测试；

(2)74LS03与非门电路芯片的识别与测试。

二、任务实施

任务6.1 任务实训

任务1：74LS04非门电路的识别与测试

(1)用万用表$R \times 1k\Omega$挡判别74LS04电源引脚。

对于74LS04，可根据资料判别电源引脚。若无任何标志，可用万用表通过检测，判别电源引脚。方法是：把万用表拨到$R \times 1k\Omega$挡，将红、黑表笔分别接于对边角的两个引脚，测其电阻值，然后更换表笔再测一次。一般来说，两次测量电阻值分别为十几千欧和几千欧；电阻值较大的那次，黑表笔接的是电源正极，红表笔接的是地。

(2)测试74LS04性能。

依据图6.28，给74LS04接上+5V电源，1、3、5、9、11、13引脚经电阻限流后接入+5V电源，用万用表测试2、4、6、8、10、12引脚电压，将测试结果填入表6.15。

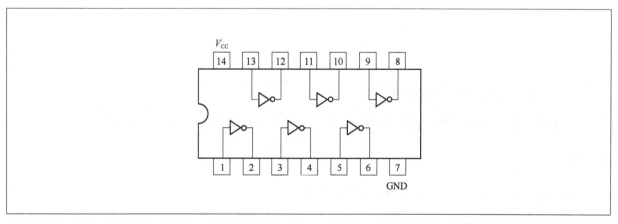

图6.28 74LS04引脚排列示意图

表6.15 74LS04引脚测量数据表

项目	2脚	4脚	6脚	8脚	10脚	12脚
电压(V)						

依据图6.28，给74LS04接上+5V电源，1、3、5、9、11、13引脚经电阻限流后接入0V电源，用万用表测试2、4、6、8、10、12引脚电压，将测试结果填入表6.16。

表 6.16　74LS04 引脚测量数据表

项目	2 脚	4 脚	6 脚	8 脚	10 脚	12 脚
电压(V)						

想一想

(1)上述实验结果说明什么问题？74LS04 芯片有哪些特性？

(2)若 74LS04 芯片表面无标识或标识模糊，引脚如何判断？

分析如下：

任务 2:74LS03 与非门电路芯片的识别与测试

(1)识读 74LS03 的型号和引脚，补充完成 74LS03 与非门的引脚示意图，如图 6.29 所示。

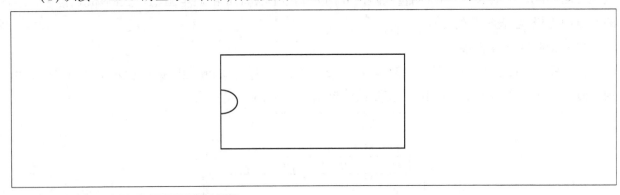

图 6.29　补充完成 74LS03 与非门引脚排列示意图

(2)教师准备几只遮盖标识的 74LS03 芯片。应用万用表判断 74LS03 的电源引脚。

想一想

若 74LS03 芯片引脚空脚或断路，多余端应如何处理？

分析如下：

三、任务评价

根据任务完成情况,完成任务表 6.17 任务评价单的填写。

表 6.17 任务评价单

【自我评价】 　　总结与反思: 　　　　　　　　　　　　　　　　　　　　　　　　　　　　　　　　实训人签字:
【小组互评】 　　该成员表现: 　　　　　　　　　　　　　　　　　　　　　　　　　　　　　　　　　组长签字:
【教师评价】 　　该成员表现: 　　　　　　　　　　　　　　　　　　　　　　　　　　　　　　　　　教师签字:

【实训注意事项】

(1)测量时,应避免手接触到集成块的引脚,以免人体电阻介入影响测量的准确性。

(2)如某引脚在任何测量中都无反应,则是空脚或内部断路。

任务6.2 组合逻辑电路的分析及设计

知识目标

1. 掌握组合逻辑电路的分析方法和步骤；
2. 理解组合逻辑电路的设计思路。

能力目标

1. 能够分析典型的组合逻辑电路；
2. 能够根据要求设计组合逻辑电路。

素养目标

通过触发器电路连接与测试实训任务，培养勤动手、多思考、善总结的优秀品质。

读一读

前面介绍了典型的逻辑门电路，能解决一些逻辑问题，而在实际应用中，往往需要将若干个门电路组合起来，实现更复杂的逻辑功能，这种电路称为组合逻辑电路。组合逻辑电路的特点是：任何时刻电路的输出状态直接由当时的输入状态决定，输入状态消失，则相应的输出状态立即消失，即无记忆功能。

学一学

组合逻辑电路是怎样构成的？它有哪些特性呢？应如何分析、设计组合逻辑电路呢？让我们进入以下学习单元吧！

理论学习6.2.1 逻辑功能的描述

从理论上讲，逻辑图本身就是逻辑功能的一种表达方式。然而在许多情况下，用逻辑图所表示的逻辑功能不够直观，往往还需要把它转换为逻辑函数式或逻辑真值表的形式，以使电路的逻辑功能更加直观、明显。

例如，将图6.30的逻辑功能写成逻辑函数式的形式即可得到

$$\left. \begin{array}{l} S = (A \times B) \times CI \\ CO = (A \times B)CI + AB \end{array} \right\} \quad (6.13)$$

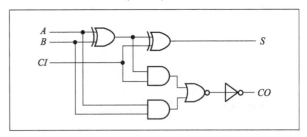

图6.30 组合逻辑电路实例

对于任何一个多输入、多输出的组合逻辑电路，都可以用下式所示的公式表示。式中 a_1、a_2、…、a_n 表示输入变量，y_1、y_2、…、y_m 表示输出变量。输出与输入间的逻辑关系可以用一组逻辑函数表示：

$$\left. \begin{array}{l} y_1 = f_1(a_1, a_2, \cdots, a_n) \\ y_2 = f_2(a_1, a_2, \cdots, a_n) \\ \cdots \\ y_m = f_n(a_1, a_2, \cdots, a_n) \end{array} \right\} \quad (6.14)$$

或者写成向量函数的形式

$$Y = F(A) \quad (6.15)$$

从组合电路逻辑功能的特点不难想到，既然它的输出与电路的历史状况无关，那么电路中就不能包含存储单元。这就是组合逻辑电路在电路结构上的共同特点。

理论学习6.2.2 组合逻辑电路的分析

所谓分析一个给定的逻辑电路，就是要通过分析找出电路的逻辑功能来。通常采用的分

析方法是从电路的输入到输出逐级写出逻辑函数式,最后得到表示输出与输入关系的逻辑函数式。然后用公式化简法得到的函数式化简或变换,以使逻辑关系简单明了。为了使电路的逻辑功能更加直观,有时还可以将逻辑函数式转换为真值表的形式。

由图 6.31 给出的电路图,可以写出其逻辑图。

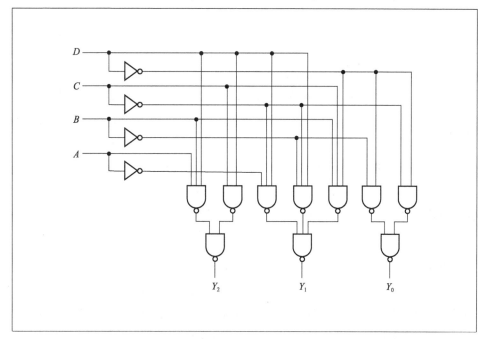

图 6.31　逻辑电路图

$$\left. \begin{aligned} Y_2 &= ((DC)'(DBC)')' = DC + DBA \\ Y_1 &= ((D'CB)'(D\,C'B')'(D\,C'A')')' = D'CB + D\,C'B' + D\,C'A' \\ Y_0 &= ((D'C')'(D'B')')' = D'C' + D'B' \end{aligned} \right\} \quad (6.16)$$

从上面的逻辑函数式中,我们还不能立刻看出这个电路的逻辑功能和用途。为此,还需将上式转换成真值表的形式,得到表 6.18。

表 6.18　电路的真值表

输入				输出		
D	C	B	A	Y_2	Y_1	Y_0
0	0	0	0	0	0	1
0	0	0	1	0	0	1
0	0	1	0	0	0	1
0	0	1	1	0	0	1
0	1	0	0	0	0	1
0	1	0	1	0	0	1
0	1	1	0	0	1	0
0	1	1	1	0	1	0
1	0	0	0	0	1	0
1	0	0	1	0	1	0

续上表

输入				输出		
D	C	B	A	Y_2	Y_1	Y_0
1	0	1	0	0	1	0
1	0	1	1	1	0	0
1	1	0	0	1	0	0
1	1	0	1	1	0	0
1	1	1	0	1	0	0
1	1	1	1	1	0	0

可见,一旦将电路的逻辑功能列成真值表,它的功能也就一目了然了。

想一想

组合逻辑电路分析的一般步骤包括哪些？应该如何列逻辑函数式？

理论学习6.2.3 组合逻辑电路的设计

根据给出的实际逻辑问题,求出实现这一逻辑功能的最简单逻辑电路,就是设计组合逻辑电路时要完成的工作。这里所说的"最简单",是指电路所用的器件数最少、器件的种类最少,而且器件之间的连线也最少。

组合逻辑电路的设计工作通常可按以下步骤进行：

一、进行逻辑抽象

在许多情况下,提出的设计要求是用文字描述一个具有一定因果关系的事件。这时就需要通过逻辑抽象的方法,用一个逻辑函数来描述这一因果关系。

逻辑抽象的工作通常是这样进行的：

(1)分析事件的因果关系,确定输入变量和输出变量。一般总是把引起事件的原因定为输入变量,而把事件的结果作为输出变量。

(2)定义逻辑状态的含义。以二值逻辑的0、1两种状态分别代表输入变量和输出变量的两种不同状态。这里0和1的具体含义完全是由设计者人为选定的。例如在输入端1代表按下,0代表弹起,输出端1代表亮,0代表灭。这项工作也称为逻辑状态赋值。

(3)根据给定的因果关系列出逻辑真值表。

至此,便将一个实际的逻辑问题抽象成一个逻辑函数了,而且这个逻辑函数首先是以真值表的形式给出的。

二、写出逻辑函数式

为便于对逻辑函数进行化简和变换,需要把真值表转换为对应的逻辑函数式。

三、选定器件的类型

小规模集成的门电路、中规模集成的组合逻辑器件、可编程逻辑器件都可以组成相应的逻辑电路,可根据电路的具体要求和器件的资源情况决定采用哪一种类型的器件。

四、将逻辑函数化简或变换成适当的形式

在使用小规模集成的门电路进行设计时,为获得最简单的设计结果,应将函数式化成最简形式,即函数式中相加的乘积项最少,而且每个乘积项中的因子也最少。如果对所用器件的种类有附加的限制(例如只允许用单一类型的与非门),则还应将函数式变换成与器件种类相适应的形式(例如将函数式化作与非-与非形式)。

五、根据化简的逻辑函数式,画出逻辑电路的连接图

至此,原理性的设计已经完成。

任务实训 组合逻辑电路设计

班级：_____ 姓名：_____ 学号：_____ 成绩：_____

一、任务描述

试用异或门设计一个有三个输入端的奇偶校验电路。要求输入奇数个"1"时，输出为"1"，否则，输出为"0"。

完成以下实训工作任务：

(1) 根据题意列出真值表；
(2) 写出逻辑表达式；
(3) 画出逻辑电路的连接图。

任务6.2 任务实训

二、任务实施

任务1：根据题意列出真值表

解析：设输入为 A、B、C，输出为 Y，输出奇数为 1，输出偶数为 0。依据题意，得真值表如表 6.19 所示。

表 6.19 真值表

A	B	C	Y

任务2：写出逻辑表达式

解析：写出逻辑表达式并化简。

$Y =$

任务3：画出逻辑电路的连接图

三、任务评价

根据任务完成情况,完成任务表6.20任务评价单的填写。

表6.20 任务评价单

【自我评价】
总结与反思:
实训人签字:
【小组互评】
该成员表现:
组长签字:
【教师评价】
该成员表现:
教师签字:

任务 6.3　组合逻辑电路器件的制作

知识目标

1. 了解典型集成编码器和译码器的引脚功能；
2. 了解数据选择器的工作原理；
3. 理解不同类型加法器的工作原理；
4. 理解数值比较器的工作原理。

能力目标

1. 具备正确使用编码器、译码器、加法器的能力；
2. 具备根据功能要求，选择相应组合逻辑器件设计、安装和测试组合逻辑电路的能力。

素养目标

具备批判性思维和分析问题、解决问题的能力，培养为中华民族伟大复兴而不懈努力的精神。

看一看

如图 6.32 所示是电视机的遥控器。按下音量按钮、对比度按钮后，电视机的音量、对比度将发生相应的变化。电视机接收到遥控器的信号，就能做出相应的动作，如改变音量、对比度等。

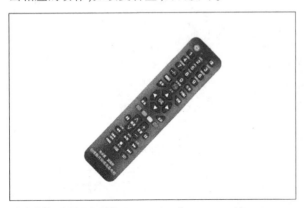

图 6.32　电视机的遥控器

想一想

为什么按下电视机遥控器的某一按钮，相应的量会发生变化呢？为什么电视机能准确地执行遥控器发出的指令？

学一学

数字电路分为组合逻辑电路和时序逻辑电路，组合逻辑电路没有记忆功能，时序逻辑电路有记忆功能。常见的组合逻辑电路器件有编码器、译码器、加法器等。让我们一起来学习以下的学习单元吧！

理论学习 6.3.1　编码器

为了区分一系列不同的事物，将其中的每个事物用一个二进制代码表示，这就是编码的含义。在二值逻辑电路中，信号都是以高、低电平的形式给出的。因此，编码器(Encoder)的逻辑功能就是将输入的每一个高、低电平信号编成一个对应的二进制代码。

一、普通编码器

目前经常使用的编码器有普通编码器和优先编码器两类。在普通编码器中，任何时刻只允许输入一个编码信号，否则输出将发生混乱。

现以三位二进制普通编码器为例，分析一下普通编码器的工作原理。图 6.33 是三位二进制编码器的框图，它的输入是 $I_0 \sim I_7$ 八个高电平信号，输出是三位二进制代码 $Y_2 Y_1 Y_0$。为此，又将它称为 8 线-3 线编码器，输出与输入的对应关系由表 6.21 给出。

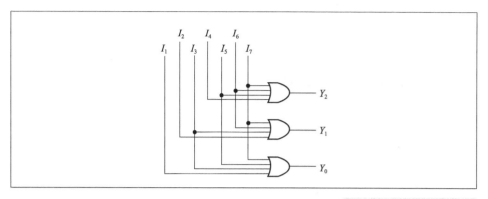

图 6.33 三位二进制编码器

表 6.21 真值表

输入								输出		
I_0	I_1	I_2	I_3	I_4	I_5	I_6	I_7	Y_2	Y_1	Y_0
1	0	0	0	0	0	0	0	0	0	0
0	1	0	0	0	0	0	0	0	0	1
0	0	1	0	0	0	0	0	0	1	0
0	0	0	1	0	0	0	0	0	1	1
0	0	0	0	1	0	0	0	1	0	0
0	0	0	0	0	1	0	0	1	0	1
0	0	0	0	0	0	1	0	1	1	0
0	0	0	0	0	0	0	1	1	1	1

如果任何时刻输入中仅有一个1,即输入变量取值的组合仅有表6.21中列出的八种状态,则输入变量为其他取值下其值等于1的那些最小项均为约束项,则可得到其逻辑式为:

$$\left.\begin{aligned}Y_2 &= I_4 + I_5 + I_6 + I_7 \\ Y_1 &= I_2 + I_3 + I_6 + I_7 \\ Y_0 &= I_1 + I_3 + I_5 + I_7\end{aligned}\right\} \quad (6.17)$$

图6.33就是根据式(6-17)得出的编码器电路,这个电路是由三个或门组成的。

二、优先编码器

在优先编码器电路中,允许同时输入两个以上的编码信号。不过在设计优先编码器时已经将所有的输入信号赋予了不同的优先权,当几个输入信号同时出现时,只对其中优先权最高的一个进行编码。

理论学习 6.3.2 译码器

译码器(Decoder)的逻辑功能是将每个输入的二进制代码译成对应的输出高、低电平信号或另外一个代码。因此,译码是编码的反操作。常用的译码器电路有二进制译码器、二-十进制译码器和显示译码器三类。

图 6.34 是三位二进制译码器的框图。输入的三位二进制代码共有八种状态,译码器将每个输入代码译成对应输出线上的高、低电平信号。因此,也将这个译码器称为 3 线-8 线译码器。

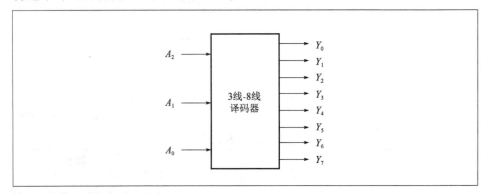

图 6.34　三位二进制译码器的框图

理论学习 6.3.3　加法器

两个二进制数之间的算术运算无论是加、减、乘、除,目前在数字计算机中都是化作若干步加法运算进行的。因此,加法器是构成算术运算器的基本单元。

一、半加器

如果不考虑有来自低位的进位将两个 1 位二进制数相加,称为半加。实现半加运算的电路称为半加器。

按照二进制加法运算规则可以列出如表 6.22 所示的半加器真值表,其中 A、B 是两个加数,S 是相加的和,CO 是向高位的进位。将 S、CO 和 A、B 的关系写成逻辑表达式则得到

$$\left.\begin{array}{l}S = A'B + A B' = A \oplus B \\ CO = AB\end{array}\right\} \quad (6.18)$$

表 6.22　半加器的真值表

输入		输出	
A	B	S	CO
0	0	0	0
0	1	1	0
1	0	1	0
1	1	0	1

因此,半加器是由一个异或门和一个与门组成的,如图 6.35 所示。

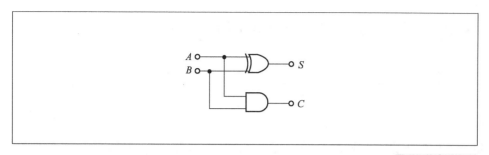

图 6.35 半加器

二、全加器

在将两个多位二进制数相加时,除了最低位以外,每一位都应该考虑来自低位的进位,即将两个对应位的加数和来自低位的进位三个数相加。这种运算称为全加,所用的电路称为全加器。

根据二进制加法运算规则可列出 1 位全加器的真值表,如表 6.23 所示。CI 代表低位,A、B 是两个加数,S 是相加的和,CO 是向高位的进位。

表 6.23 真值表

输入			输出	
CI	A	B	S	CO
0	0	0	0	0
0	0	1	1	0
0	1	0	1	0
0	1	1	0	1
1	0	0	1	0
1	0	1	0	1
1	1	0	0	1
1	1	1	1	1

任务实训 三人表决器的制作

班级：_____ 姓名：_____ 学号：_____ 成绩：_____

一、任务描述

学生分为若干组，每组提供实训设备与器材一套，包含：直流稳压电源一台，万用表一只，通用面包板一块；镊子等装接工具一套，导线若干，元器件及器材一套。完成以下工作任务：

(1)清点与检测元器件；

(2)装接三人表决器；

(3)验证三人表决器的逻辑功能。

三人表决器组合逻辑电路设计：

(1)装置要求：

①三人各有一个表决器的按钮；

②三人中多数人按下按钮，结果才有效。

(2)原理分析：

假设三人分别为 A、B、C，他们同意用"1"表示，反对用"0"表示，最终裁判的结果用 Y 表示，$Y=1$ 表示成功，$Y=0$ 表示失败，根据分析，列出真值表，如表6.24所示。

表6.24 三人表决器真值表

输入			输出
A	B	C	Y
0	0	0	0
0	0	1	0
0	1	0	0
0	1	1	1
1	0	0	0
1	0	1	1
1	1	0	1
1	1	1	1

由真值表将输出 Y 为1所对应的 A、B、C 组合最小项相加即可得到 Y 的表达式：

$$Y = \overline{A}BC + A\overline{B}C + AB\overline{C} + ABC$$

由上式化简可得：

$$Y = \overline{A}BC + A\overline{B}C + AB\overline{C} + ABC = \overline{A}BC + AB\overline{C} + AC = \overline{A}B + AB + AC = AB + BC + CA$$

由上式可得如图6.36所示的组合逻辑电路。图6.37为三人表决器的实验电路。

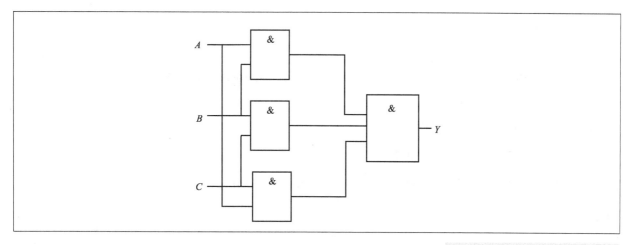

图 6.36 三人表决器的组合逻辑电路

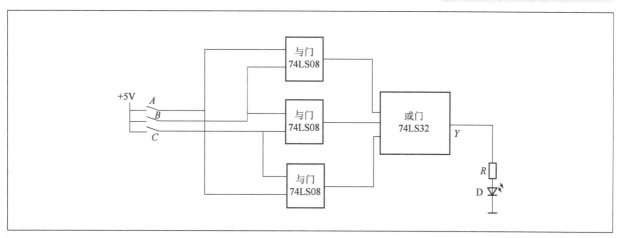

图 6.37 三人表决器的实验电路

二、任务实施

任务1:清点与检测元器件

根据元器件及材料清单,清点并检测元器件,将检测结果填入表 6.25 中,若检测遇到问题,及时提出并更换,将正常的元器件记录在表 6.25 中。

表 6.25 三人表决器的元器件清单

序号	名称	型号规格	数量(个)	配件图号	检测结果
1	碳膜电阻器	390Ω	1	R	
2	与门芯片	74LS08	3	—	
3	或门芯片	74LS32	1	—	
4	碳膜电阻器	RT-0.25	1	R	
5	发光二极管	红	1	D	
6	按钮	—	3	A、B、C	

任务 2:装接三人表决器

根据图 6.37 完成电路装接。

①装接时,集成电路的标识向左,不能插反,装接前必须明确引脚的功能。

②同一种信号线路用相同颜色的线。

③利用现有的上、下两条线作为电源线和地线。

任务 3:验证三人表决器的逻辑功能

按下按钮 A、B、C,观察发光二极管的发光情况,验证电路功能。

想一想

如果三人表决器全部由 74LS00 来制作,怎样制作?画出实验原理图。

分析如下:

三、任务评价

根据任务完成情况,完成任务表 6.26 任务评价单的填写。

表 6.26　任务评价单

【自我评价】 　　总结与反思: 　　　　　　　　　　　　　　　　　　　　　　　　　　　　　　　　实训人签字:
【小组互评】 　　该成员表现: 　　　　　　　　　　　　　　　　　　　　　　　　　　　　　　　　　组长签字:
【教师评价】 　　该成员表现: 　　　　　　　　　　　　　　　　　　　　　　　　　　　　　　　　　教师签字:

应知应会要点归纳

现将各部分归纳如下。

门电路的识别与测试	学会识读门电路的型号,明确引脚的功能;会用万用表检测 TTL 与非门。 1. 用万用表确定 74LS04 的引脚步骤包括: (1) 用万用表 $R \times 1\mathrm{k}\Omega$ 挡判别电源引脚; (2) 判别输入端; (3) 判别输出端; (4) 判别同一个与非门的输入、输出端。 2. 用万用表检测 CMOS 与非门引脚: (1) 电源引脚的判断。CMOS 与非门较常见的为双列直插 14 脚,一般 7 脚接 V_{SS}(电源负极),14 脚接 V_{DD}(电源正极)。 (2) 输入、输出端的判别。把万用表拨至 $R \times 1\mathrm{k}\Omega$ 挡,黑表笔接 7 脚,红表笔依次接 1～6 及 8～13 脚,比较各次的电阻值大小,电阻值较大的为与非门的输入端,电阻值较小的为输出端
组合逻辑电路的分析及设计	组合逻辑电路通常采用的分析方法是从电路的输入到输出逐级写出逻辑函数式,最后得到表示输出与输入关系的逻辑函数式。然后用公式化简法或卡诺图化简法将得到的函数式化简或变换,以使逻辑关系简单明了。为了使电路的逻辑功能更加直观,有时还可以将逻辑函数式转换为真值表的形式。 组合逻辑电路的设计工作通常可按以下步骤进行: (1) 进行逻辑抽象; (2) 写出逻辑函数式; (3) 选定器件的类型; (4) 将逻辑函数化简或变换成适当的形式; (5) 根据化简的逻辑函数式,画出逻辑电路的连接图
组合逻辑电路器件的制作	常见的组合逻辑电路器件有编码器、译码器、加法器等。 编码器的逻辑功能就是将输入的每一个高、低电平信号编成一个对应的二进制代码。 译码器的逻辑功能是将每个输入的二进制代码译成对应的输出高、低电平信号或另外一个代码。 在数字信号的传输过程中,有时需要从一组输入数据中选出某一个来,这时就要用到一种称为数据选择器或多路开关的逻辑电路。 两个二进制数之间的算术运算如加、减、乘、除,目前在数字计算机中都是化作若干步加法运算进行的。因此,加法器是构成算术运算器的基本单元。 在一些数字系统(例如数字计算机)当中经常要求比较两个数值的大小,为完成这一功能所设计的各种逻辑电路统称为数值比较器

知识拓展

一、集成逻辑门电路产品介绍

1. TTL 集成逻辑门电路

TTL 是英文 Transistor-Transistor Logic 的缩写。TTL 集成逻辑门电路是一种双极型三极管集成电路,主要以三极管、二极管、电阻等为元器件,经过光刻、氧化、扩散等工艺制成。TTL 集成电路生产工艺成熟、产品参数稳定、工作可靠、开关速度高,因此获得了广泛的应用。

我国 TTL 系列产品型号较多,如 CT54/74LS、CT54/74S、CT54/74H 系列等。如图 6.38 所示,这些产品只要与国外的 TTL 集成电路规格一致,其功能、性能、引脚排列和封装形式就一致,即可互换。

图6.38　74LS08芯片

TTL集成电路使用注意事项如下。

(1)电源电压范围为+4.5～+5.5V,通常情况下,可取$V_{CC}=5V$。电源极性绝对不允许接反。

(2)闲置输入端处理方法。

①悬空。悬空相当于逻辑"1"。对于一般小规模集成电路的数据输入端,允许悬空处理,但易受外界干扰,导致电路的逻辑功能不正常。对于接有长线的输入端、中规模以上的集成电路和集成电路较多的复杂电路,所有控制输入端必须按逻辑要求接入电路,不允许悬空。

②直接接电源电压V_{CC}(也可以串入一只1～10kΩ的固定电阻)或接至某一固定电压($2.4V \leqslant V \leqslant 4.5V$)的电源上。

③若前级驱动能力允许,可以与使用的输入端并联。

(3)输出端不允许并联使用(集电极开路门和三态门除外),否则不仅会使电路逻辑功能混乱,还会导致元器件损坏。

(4)输出端不允许直接接地或直接接+5V电源,否则将损坏元器件。有时为了使后级电路获得较高的输出电平,允许输出端通过电阻R接至V_{CC},一般取R为3～5.1kΩ。

(5)其他注意事项。

①接插集成块时,要认清定位标记,不得插反,用力适度,防止引脚折伤。

②焊接时用25W烙铁较合适,焊接时间不宜过长。

③调试使用时,要注意电源电压的大小和极性,尽量稳定在+5V,以免损坏集成块。

④引线要尽量短。在引线不能缩短时,要考虑加屏蔽措施或采用合线。要注意防止外界电磁干扰的影响。

2. CMOS门电路

MOS门电路的主要组成是MOS场效应管,按所用的管子不同,分为PMOS电路、NMOS电路、CMOS电路。CMOS是Complementary Metal-Oxide-Semicomductor的缩写,CMOS是NMOS管和PMOS管组合的互补型MOS电路,应用更广,所以下面重点介绍CMOS门电路。如图6.39是美国RCA公司生产的CMOS芯片CD4011BE。

图6.39　CD4011BE芯片

CMOS电路比TTL电路制造工艺简单、工序少、成本低、集成度高、功耗低、抗干扰能力强,但速度较慢。

CMOS电路使用注意事项如下:

(1)电源电压。

CMOS门电路比TTL的电源电压范围宽。如CC4000系列的可在3～18V电压下正常工作。

CMOS电路使用的标准电压一般为+5V、+10V、+15V三种,在使用中注意电源极性不能接反。

(2)多余输入端的处理。

CMOS电路输入端不允许悬空。因为悬空的输入端输入电势不定,会破坏电路的正常逻辑关系,另外悬空时输入阻抗高,易受外界噪声干扰,使电路误动作,也极易使场效应管感应静电,造成击穿。

对与非门和与门的多余输入端应接高电平,而或门和或非门则应接低电平。如果电路的工作速度不高,功耗也不需要特别考虑,可将多出来的输入端与使用的输入端并联。

(3)输入端接长线时的保护。

可串接电阻以尽可能地消除较大的分布电容和分布电感。

(4)为确保安全,在存放和运送 CMOS 门电路的过程中,要用铝锡纸包好并放入屏蔽盒中;要使用小于 20W 且有良好接地保护的烙铁,禁止在电路通电情况下焊接;测试时,要使用有良好接地的仪表。

二、常见的数码显示元器件

在数字计算系统及数字式测量仪表中,常需要把二进制数或二-十进制数用人们习惯的十进制数显示出来,数码显示器就可以完成这一工作。数码显示器有多种形式,目前广泛使用的有七段数码显示器。它由七段能各自独立发光的线段按一定的方式组合构成。

图 6.40a)是七段数码显示器的排列形状,一定的发光段组合能显示出相应的十进制数码,例如当 1、2、3、4、5、6、7 段均发光时,就能显示数字"8";当 1、3、4、5、6、7 发光时,就能显示数字"6"。

七段显示器有半导体数码管、液晶显示器及荧光数码管等几种,虽然它们结构各异,但译码显示的电路原理是相同的。最常见的有 LED 数码管、LCD 显示器和荧光数码管。

1. LED 数码管

半导体数码管是将发光二极管(LED)按图 6.40a)排列为"8"字形制成的,具有亮度较高、字形清晰、工作电压低(1.5~3V)、体积小、寿命长、响应速度较快等优点,因而应用广泛。

根据连接方式不同,LED 数码管有共阴极和共阳极两种连接方式。共阴极连接时,译码器输出高电平时才能驱动相应的发光二极管导通发光,如 abedefg = 0110011 时,显示数字"4"。共阳极连接时,译码器输出低电平时才能驱动相应的发光二极管导通发光, 如 abedefg = 1001100 时,显示数字"4"。

2. LCD 显示器

在电子手表、微型计算器等小型电子元器件的数字显示部分,多采用液晶分段式数码显示器。它是利用液晶在电场作用下光学性能变化的特性而制成的,在涂有导电层的基片上,按分段图形灌入液晶并封装好,然后用译码器输出端与各脚相连,在控制电压作用下的液晶段由于光学性能的变化而出现反差,从而显示相应数字。液晶显示器工艺简单、体积小、功耗极低,但清晰度较低。

3. 荧光数码管

荧光数码管是一种分段式的电真空显示元器件,其内部的阴极加热后发射出电子,经栅极电场加速,然后撞击到加有正电压的阳极上,于是涂在阳极上的氧化锌荧光粉便发出荧光。荧光数码管的优点是工作电压低、电流小、清晰悦目、稳定可靠、视距较大、寿命较长,但缺点是需要灯丝电源、强度差、安装不方便。

图 6.40 七段数码显示的字形

评价反馈

班级：_____ 姓名：_____ 学号：_____ 成绩：_____

6.1 填空（每空 0.5 分，共 12.5 分）

(1) 模拟信号的变化在时间和数值上都是_____的，而数字信号的变化在时间和数值上都是_____的。

(2) 用 8421BCD 码表示十进制数，每一位十进制数可用_____位二进制数码来表示，其权值从高到低位依次为_____、_____、_____、_____。

(3) 试填写题 6.1 表。

题 6.1 表　逻辑代数基本公式

序号	公式	序号	公式
1		10	
2		11	
3		12	
4		13	
5		14	
6		15	
7		16	
8		17	
9		18	

6.2 简答（每题 2 分，共 6 分）

(1) 数字信号中的 0、1 表示的是什么？(2 分)

(2) 什么是数字电路？数字电路具有哪些主要特点？(2 分)

(3) 为什么要对逻辑函数进行化简？什么是公式法化简？(2 分)

6.3 用与非门设计四变量的多数表决电路。当输入变量 A、B、C、D 有 3 个或 3 个以上为 1 时输出为 1，输入为其他状态时输出为 0。(11.5 分)

项目6 教学情况反馈单

评价项目	评价内容	评价等级				得分
		优秀	良好	合格	不合格	
教学目标（10分）	知识与能力目标符合学生实际情况	5	4	3	2	
	重点突出、难点突破	5	4	3	2	
教学内容（15分）	知识容量适中、深浅有度	5	4	3	2	
	善于创设恰当情境，让学生自主探索	5	4	3	2	
	知识讲授正确，具有科学性和系统性，体现应用与创新知识	5	4	3	2	
教学方法及手段（20分）	教法灵活，能调动学生的学习积极性和主动性，注重能力培养	10	8	6	4	
	能恰当运用图标、模型或现代技术手段进行辅助教学	10	8	6	4	
教学过程（30分）	教学环节安排合理，知识衔接自然	10	8	6	4	
	注重知识的发生、发展过程，有学法指导措施，课堂信息反馈及时	10	8	6	4	
	评价意见中肯且有激励作用，帮助学生认识自我、建立信心	10	8	6	4	
教师素质（10分）	教态自然，语言表述清楚，富有激情和感染力	10	8	6	4	
教学效果（15分）	课堂气氛活跃，学生积极主动地参与学习全过程，并在学法上有收获	5	4	3	2	
	大多数学生能正确掌握知识，并能运用知识解决简单的实际问题	10	8	6	4	
总分		100	80	60	40	
老师，我想对您说						

项目7

时序逻辑电路

 **问题导学**

1. 什么是触发器？触发器有什么特点？有哪些分类？
2. RS触发器的电路组成、逻辑功能是什么？JK触发器的图形符号、逻辑功能是什么？
3. 什么是时序逻辑电路？怎么分析时序逻辑电路？
4. 555定时器的电路结构是什么？555定时器有哪些应用？
5. 什么是计数器？计数器的组成部分有哪些？
6. 什么是寄存器？基本寄存器和移位寄存器有什么区别？

 **思维导图**

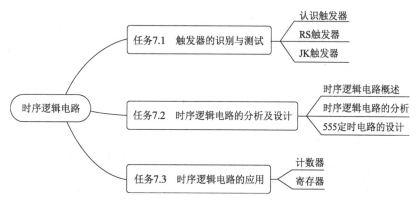

 情境导入

在前面的工作学习中，小张了解到组合逻辑电路是由各种逻辑门电路构成的，输出仅与输入有关，与电路原有状态无关，即电路不具有记忆功能。那么具有记忆功能的逻辑电路又叫什么呢？其是由什么构成的呢？结构是怎样的呢？带着这些疑问，小张开始了本项目的学习，希望能够解决心中的疑惑。

任务 7.1　触发器的识别与测试

知识目标

1. 了解基本 RS 触发器的电路组成,了解其逻辑功能;
2. 熟悉 JK 触发器的图形符号,了解 JK 触发器的逻辑功能和边沿触发方式。

能力目标

1. 能够通过实验掌握 RS 触发器、JK 触发器所能实现的逻辑功能;
2. 学会使用 RS 触发器和 JK 触发器,能够识别与测试 JK 触发器。

素养目标

培养自信、勤奋、乐于动脑、严谨治学的学习态度和锐意进取、攻坚克难的工作精神。

读一读

时序逻辑电路的基本组成单元是触发器,其输出状态不仅与当时电路的输入状态有关,而且与电路原有状态有关,电路具有记忆功能。

触发器是一种具有记忆功能、状态能在触发脉冲作用下迅速翻转的逻辑电路。它是时序逻辑电路的基本单元,能存放一位二进制编码,在信号产生、变换和控制电路中有着广泛的应用。

触发器的种类较多,有不同的分类方式。

想一想

触发器是构成存储元器件的单元电路,如 U 盘、各种存储卡等。除了列举的存储元器件外,还有哪些地方用到了触发器?

理论学习 7.1.1　认识触发器

在数字系统中,常需要记忆功能,触发器就是具有记忆功能、能储存数字信息的一种常用的基本单元电路,它能够存储一位二进制编码。

一、触发器的特点

（1）有两个能够保持的稳定状态,分别用逻辑 0 和逻辑 1 表示,即在不同的输入情况下,它可以被置成 0 状态或 1 状态。

（2）在无外界信号作用时,触发器保持原状态不变。

（3）在输入某种信号时,可从一种状态翻转到另一种状态;在输入信号取消后,能将获得的新状态保存下来(此即为记忆功能)。

（4）在稳定状态下,两个输出端的状态必须是互补关系,即有约束条件。

二、触发器的分类

（1）按逻辑功能不同分为:RS 触发器、D 触发器、JK 触发器、T 触发器。

（2）按触发方式不同分为:电平触发器、边沿触发器和脉冲触发器。

（3）按电路结构形式不同分为:基本 RS 触发器、同步 RS 触发器、主从触发器和维持阻塞触发器。

（4）按存储数据原理不同分为:静态触发器和动态触发器。

（5）按构成触发器的基本器件不同分为:双极型触发器和 MOS 型触发器。

理论学习 7.1.2　RS 触发器

一、基本 RS 触发器

基本 RS 触发器是结构最简单的触发器,以它为基础,构成了其他复杂的触发器。

1. 电路组成和符号

图 7.1a)所示是由两个与非门首尾交叉耦合构成的基本 RS 触发器,其符号如图 7.1b)所示。

触发器

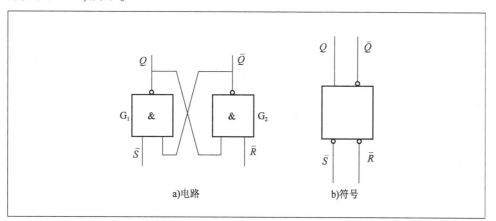

图 7.1　与非门组成的基本 RS 触发器及符号

Q、$\overline{Q}$ 为基本 RS 触发器的输出端,其状态总是互补的,通常规定触发器 Q 端的状态为触发器的状态。即 $Q=0$ 与 $\overline{Q}=1$ 时,触发器处于"0"态;$Q=1$ 与 $\overline{Q}=0$ 时,触发器处于"1"态。

2. 逻辑功能

(1) $\overline{R}=\overline{S}=1$,触发器保持原态不变,$Q_{n+1}=Q_n$。

若触发器的原态为 0 态($Q_n=0$、$\overline{Q_n}=1$)(下标 n 表示触发器原态,下标 n+1 表示触发器现态),根据与非门的逻辑功能可得,触发器的现态仍为 0 态($Q_{n+1}=0$、$\overline{Q_{n+1}}=1$);若触发器的原态为 1 态($Q_n=1$、$\overline{Q_n}=0$),根据与非门的逻辑功能可得,触发器的现态仍为 1 态($Q_{n+1}=1$,$\overline{Q_{n+1}}=0$)。所以,不论触发器原来是什么状态,只要 $\overline{R}=\overline{S}=1$,触发器的状态不变。

基本 RS 触发器

(2) $\overline{R}=0$,$\overline{S}=1$,触发器为 0 态,$Q_{n+1}=0$。

若触发器原态为 0 态,则 G_2 输出为 1 不变,G_1 的输入全为 1 不变,其输出不变,即 $Q_{n+1}=0$;若触发器原态为 1 态,则 G_2 因 $\overline{R}=0$ 输入而输出变为 1,G_1 的输入变为全为 1,其输出由 1 变 0,即 $Q_{n+1}=0$。只要 $\overline{R}=0$、$\overline{S}=1$,触发器状态一定为 0 态。

(3) $\bar{R}=1$、$\bar{S}=0$,触发器为 1 态,$Q_{n+1}=1$。

若触发器原态为 0 态,则 G_1 因输入 $\bar{S}=0$ 而输出变为 1,即 $Q_{n+1}=1$,G_2 的输入变为全为 1,其输出变为 0,即 $\overline{Q_{n+1}}=0$;若触发器原态为 1 态,则 G_2 的输入全为 1,其输出为 0 不变,即 $\overline{Q_{n+1}}=0$,G_1 因输入有 0 而输出为 1 不变,即 $Q_{n+1}=1$。所以,不论触发器原来状态怎样,只要 $\bar{R}=1$、$\bar{S}=0$,触发器状态必为 1 态。

(4) $\bar{R}=\bar{S}=0$,触发器状态不定。

此时门 G_1、G_2 的输出都为 1,破坏了 Q 与 $\bar{Q}$ 互补的约定,故这种情况是禁止的。而且,当 $\bar{R}$、$\bar{S}$ 的低电平信号消失后,Q 与 $\bar{Q}$ 的状态是不确定的。

通过上述分析与归纳,可得基本 RS 触发器的真值表,见表 7.1。

表 7.1 与非门组成的基本 RS 触发器的真值表

$\bar{R}$	$\bar{S}$	Q_{n+1}	逻辑功能
0	0	不定	—
0	1	0	置 0
1	0	1	置 1
1	1	Q_n	保持

基本 RS 触发器也可以由两个或非门组成,电路与符号如图 7.2 所示,其真值表见表 7.2。可见,基本 RS 触发器的结构虽有区别,功能却是相同的,只不过有效电平分别为低电平和高电平。

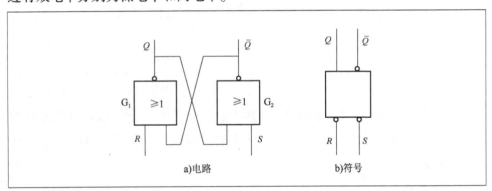

a)电路 b)符号

图 7.2 或非门组成的 RS 基本触发器及符号

表 7.2 或非门组成的基本 RS 触发器的真值表

R	S	Q_{n+1}	逻辑功能
0	0	Q_n	保持
0	1	0	置 1
1	0	1	置 0
1	1	不定	—

因为仅当 R(或 $\bar{R}$)端出现有效电平时,输出 $Q=0$ 与 $\bar{Q}=1$,电路为"0"态;仅当 S(或 $\bar{S}$)端出现有效电平时,输出 $Q=1$ 与 $\bar{Q}=0$,电路为"1"态,所以通常称 R(或 $\bar{R}$)端为置 0 端(又称复位端),S(或 $\bar{S}$)端为置 1 端(又称置位端)。

二、同步 RS 触发器

在数字系统中,为协调各部分的工作状态,需要由时钟 CP 来控制触发器按一定的节拍同步动作。由时钟脉冲控制的触发器称为同步触发器,也称钟控触发器。

1. 电路组成和符号

同步 RS 触发器由基本 RS 触发器和两个控制门构成,输入信号经过控制门传送,如图 7.3a)所示。

门 G_1、G_2 组成基本 RS 触发器,门 G_3、G_4 是控制门,CP 为控制信号(常称为时钟脉冲或选通脉冲)。在图 7.3b)所示逻辑符号中,CP 为钟控端,控制门 G_3、G_4 的开通和关闭;R、S 为信号输入端;Q、$\bar{Q}$ 为输出端;$\bar{S}_D$ 为异步置 1 端,$\bar{R}_D$ 为异步置 0 端。

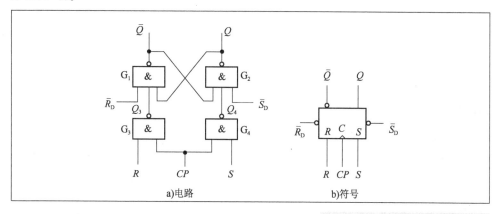

图 7.3 同步 RS 触发器的组成及符号

2. 逻辑功能

(1)$CP=0$ 时,门 G_3、G_4 被封锁,输出为 1,不论输入信号 R、S 如何变化,触发器的状态不变。

(2)$CP=1$ 时,门 G_3、G_4 被打开,输出由 R、S 决定,触发器的状态随输入信号 R、S 的不同而不同。

根据与非门和基本 RS 触发器的逻辑功能,可列出同步 RS 触发器的真值表,见表 7.3。

表 7.3 同步 RS 触发器的真值表

R	S	Q_{n+1}	逻辑功能
0	0	Q_n	保持
0	1	1	置 1
1	0	0	置 0
1	1	不定	—

Q_n 表示 CP 到来前触发器的状态,即原态;Q_{n+1} 表示 CP 到来后触发器的状态,即现态。

由逻辑符号可知,R、S、CP 处均无小圆圈,表示高电平有效。

$\bar{R}_D$、$\bar{S}_D$ 为异步控制端,可直接使触发器置 0 或置 1,低电平有效,即当 $\bar{R}_D$(或 $\bar{S}_D$)出现低电平时,触发器的状态与 R、S、CP 均无关,直接由 $\bar{R}_D$(或 $\bar{S}_D$)决定置"0"或置"1"。

任务实训 基本RS触发器的连接与测试

班级：_____ 姓名：_____ 学号：_____ 成绩：_____

一、任务描述

学生分为若干组，每组准备74LS00一只、LED灯两只、+5V直流电源一台、开关两个、限流电阻两个。应用4通道与非门芯片74LS00完成以下实训工作任务：

（1）搭建基本RS触发器；
（2）逻辑功能测试；
（3）总结基本RS触发器功能。

二、任务实施

任务1：搭接基本RS触发器

依据74LS00内部结构图完成基本RS触发器的搭接，如图7.4所示。

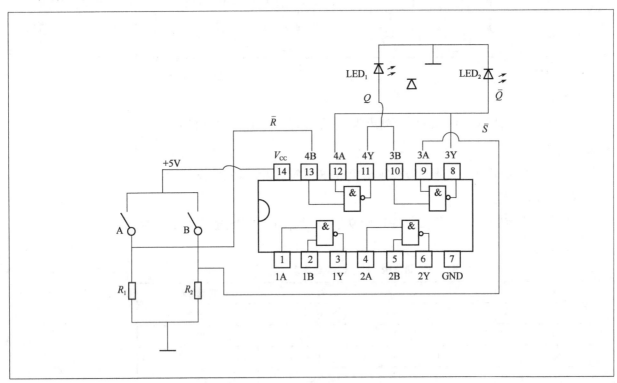

图7.4 74LS00的引脚

任务2：逻辑功能测试

①调节直流稳压电源，使输出电压为+5V，分别拨动开关A、B，观察发光二极管LED_1、LED_2的发光情况。

②将测试结果填入表7.4。

表7.4 基本RS触发器的功能测试表

$\overline{R}$	$\overline{S}$	Q逻辑状态
0	0	
0	1	
1	0	
1	1	

任务3：总结基本RS触发器功能

基本RS触发器的功能为：_____。

三、任务评价

根据任务完成情况，完成任务表7.5任务评价单的填写。

表7.5 任务评价单

【自我评价】
总结与反思：
实训人签字：
【小组互评】
该成员表现：
组长签字：
【教师评价】
该成员表现：
教师签字：

理论学习 7.1.3　JK 触发器

一、主从 RS 触发器

1. 电路组成和符号

主从 RS 触发器由两个同步 RS 触发器——主触发器和从触发器组成，图 7.5 所示是主从 RS 触发器的电路及符号。

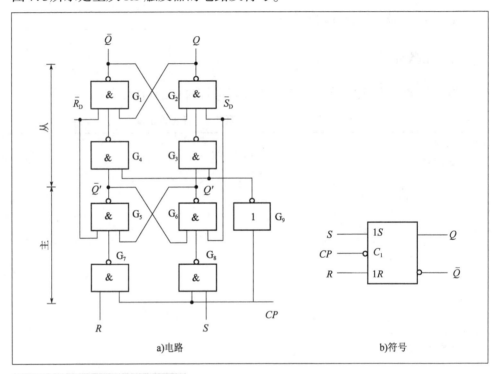

图 7.5　主从 RS 触发器的电路及符号

2. 逻辑功能

（1）$CP=0$ 时，$\overline{CP}=1$，门 G_7、G_8 被封锁，主触发器被禁止，门 G_3、G_4 被打开，从触发器使能，接收主触发器的信号，从而使 $Q=Q'$，$\overline{Q}=\overline{Q'}$。

（2）$CP=1$ 时，$\overline{CP}=0$，门 G_3、G_4 被封锁，从触发器被禁止，即 Q、$\overline{Q}$ 状态不变，门 G_7、G_8 被打开，Q'、$\overline{Q'}$ 由 R、S 值来决定。

（3）CP 由 1 变为 0 时，$\overline{CP}$ 由 0 变为 1，主触发器被禁止，从触发器使能，从触发器接收在 $CP=1$ 期间存入主触发器的信号。

综上所述，主从 RS 触发器的逻辑功能与同步 RS 触发器的逻辑功能完全相同，只是分成两拍进行：第一拍，CP 由 0 变 1 后，主触发器接收输入信号，但整个触发器的状态不变；第二拍，CP 由 1 变 0，即 CP 下降沿到来时，从触发器接收主触发器的信号，而主触发器不接收外来信号。

主从 RS 触发器的真值表与同步 RS 触发器的真值表一样，见表 7.3，只不过触发方式为下降沿触发。图 7.5b) 所示符号中，CP 端的"○"表示 CP 下降沿触发,即状态变化发生在 CP 的下降沿时刻。如只有"^",表示触发器状态变化发生在 CP 的上升沿时刻。

二、JK 触发器

JK 触发器是功能最完备的触发器,应用较广,下面主要介绍主从型 JK 触发器。

1. 电路组成和符号

图 7.6 所示是主从 JK 触发器的电路和符号。它是在主从 RS 触发器的基础上发展而来的。主从 RS 触发器在 $CP=1$ 时输入信号之间仍存在约束。此前,如 $S=R=1$,则控制门 G_7、G_8 的输入全为高电平,因此输出全为低电平,从而导致 Q'、$\overline{Q}'$ 全为 1,这是不允许的。而在主从 JK 触发器中,利用 $CP=1$ 的期间,Q'、$\overline{Q}'$ 状态不变且互补,把它们引回到门 G_7、G_8 的输入端,从而避免了输入的约束问题。

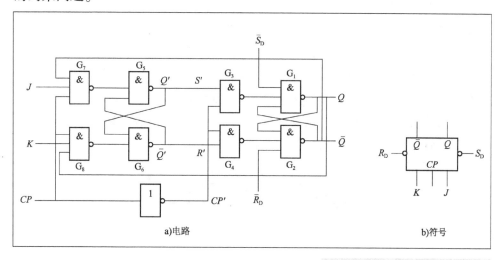

图 7.6 主从 JK 触发器的电路和符号

2. 逻辑功能

(1) $J=K=0$ 时,触发器具有保持功能,$Q_{n+1}=Q_n$。

$J=K=0$ 时,门 G_7、G_8 被封锁,CP 脉冲到来后,触发器的状态并不翻转,即 $Q_{n+1}=Q_n$,输出保持原态不变。

(2) $J=K=1$ 时,触发器具有翻转(也称计数)功能,$Q_{n+1}=\overline{Q}_n$。

$J=K=1$ 时,相当于 J、K 不加输入信号,把 $J\overline{Q}_n$、KQ_n 分别视为主从 RS 触发器的输入端 S、R,则 $S=\overline{Q}_n$,$R=Q_n$,根据主从 RS 触发器的逻辑功能,CP 脉冲到来后,触发器的状态 $Q_{n+1}=S=\overline{Q}_n$。

(3) $J=1$、$K=0$ 时,触发器具有置 1 功能,$Q_{n+1}=1$。

把 $J\overline{Q}_n$、KQ_n 分别视为主从 RS 触发器的输入端 S、R,因为 $J=1$、$K=0$,则 $S=\overline{Q}_n$,$R=0$,根据主从 RS 触发器的逻辑功能,CP 下降沿到来后,当 $Q_n=0$(即 $S=1$、$R=0$)时,$Q_{n+1}=1$;当 $Q_n=1$(即 $S=0$、$R=0$)时,$Q_{n+1}=Q_n=1$。

(4) $J=0$、$K=1$ 时,触发器具有置 0 功能,$Q_{n+1}=0$。

同样,把 $J\overline{Q}_n$、KQ_n 分别视为主从 RS 触发器的输入端 S、R,因为 $J=0$、$K=1$,所以 $S=0$、$R=Q_n$。根据主从 RS 的逻辑功能,CP 下降沿到来后,当 $Q_n=1$(即 $S=0$、$R=1$)时,$Q_{n+1}=0$;当 $Q_n=0$(即 $S=0$、$R=0$)时,$Q_{n+1}=Q_n=0$。

根据以上分析,可得主从 JK 触发器的真值表,见表 7.6。

表 7.6 主从 JK 触发器的真值表

J	K	Q_{n+1}	逻辑功能
0	0	Q_n	保持
0	1	1	置 1
1	0	0	置 0
1	1	$\overline{Q}_n$	翻转(计数)

JK 触发器除主从型外,还有边沿型等不同组成结构。虽然不同 JK 触发器的结构有区别,但其逻辑功能都是相同的。

3. 集成 JK 触发器

常见的集成双 JK 触发器有 CC4027、74LS112 等。

(1) CC4027。

CC4027 内部包含两个独立的 JK 触发器单元。每个 JK 触发器都为主从型结构,在时钟脉冲为低电平时读入输入信号,在时钟脉冲为高电平时,输入信号从主触发器转到从触发器。触发器的 R_D 和 S_D 为高电平有效地直接置 0、置 1 端。其引脚排列如图 7.7 所示,逻辑功能见表 7.7。

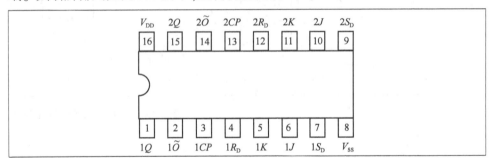

图 7.7 CC4027 的引脚排列

表 7.7 CC4027 的逻辑功能

输入					输出	
CP	J	K	S_D	R_D	Q	$\overline{Q}$
↑	H	L	L	L	H	L
↑	H	H	L	L	翻转	
↑	L	H	L	L	L	H
↑	L	L	L	L	保持	
↓	×	×	L	L	保持	
×	×	×	H	L	H	L
×	×	×	L	H	L	H
×	×	×	H	H	H	H

CC4027 的工作条件见表 7.8。

表 7.8 CC4027 的工作条件

符号	参数名称		参数值	单位
V_{DD}	电源电压		3~15	V
V_i	输入电压		0~V_{DD}	V
T_A	工作温度	Ⅰ类	-55~125	℃
		Ⅱ类	-40~85	℃

关于 CC4027 有几点说明：①有置位端、复位端；②触发器静态工作方式是，时钟电平为"1"或"0"时,长期保持原状态不变；③V_{DD} = 10V 时,时钟触发频率典型值为 16MHz；④标准对称输出特性；⑤在全温度范围内,在极限输入电压 V_{DD} = 18V 时,极限输入电流为 10mA；⑥所有输入、输出、电源端均有保护网络；⑦国外对应型号有 CD4027B、MC14027B 等。

(2)74LS112。

74LS112 的功能与 CC4027 一样,这里就不再重复了,74LS112 的引脚排列如图 7.8 所示。

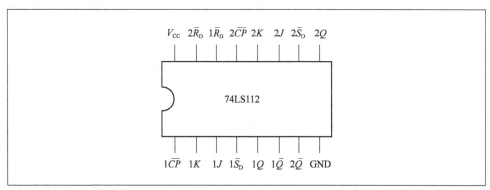

图 7.8 74LS112 的引脚排列

任务实训 JK触发器的识别与功能测试

班级：_____ 姓名：_____ 学号：_____ 成绩：_____

一、任务描述

学生分为若干组，每组提供74LS112集成JK触发器一只、数字实验箱一个、万用表一个。完成以下实训工作任务：

(1) 熟悉74LS112的引脚及功能；

(2) 测试74LS112 $\overline{R}_D$、$\overline{S}_D$ 端子功能；

(3) 测试74LS112逻辑功能。

二、任务实施

任务1：熟悉74LS112的引脚及功能

查阅资料，熟悉集成触发器74LS112的引脚排列和引脚功能，在表7.9注明其引脚功能。图7.9为74LS112集成触发器的引脚及其内部电路图。

表7.9 74LS112引脚功能

引脚号	功能
1	
2	
3	
4	
5	
6	
7	
8	
9	
10	
11	
12	
13	
14	
15	
16	

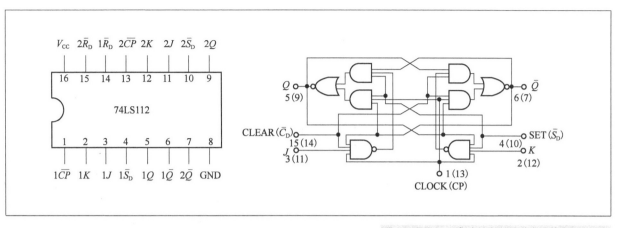

图7.9 74LS112集成触发器的引脚及其内部电路图

任务2：测试74LS112的$\overline{R}_D$、$\overline{S}_D$端子功能

步骤1：将74LS112插入面包板，并按图7.10接测试电路。

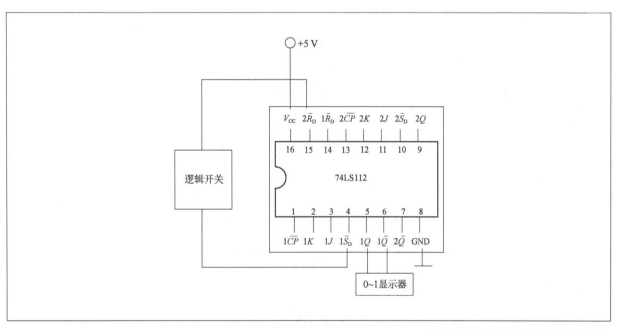

图7.10 74LS112的$\overline{R}_D$、$\overline{S}_D$功能测试电路

步骤2：拨动逻辑开关，观察0~1显示器状态。

步骤3：将测试结果填入表7.10。

表7.10 JK触发器的$\overline{R}_D$、$\overline{S}_D$功能测试表

CP	J	K	$\overline{R}_D$	$\overline{S}_D$	Q逻辑状态
×	×	×	0	1	
×	×	×	1	0	

任务3：测试74LS112逻辑功能

步骤1：按图7.11接测试电路，使$\overline{R}_D = \overline{S}_D = 1$。

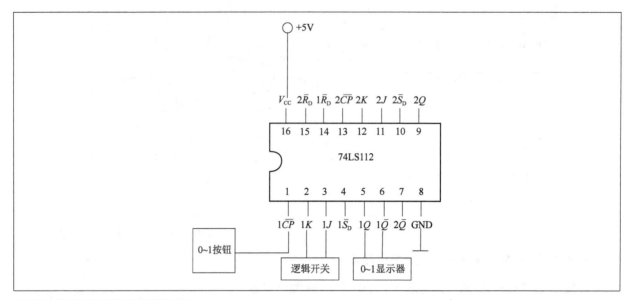

图 7.11　74LS112 的逻辑功能测试电路

步骤 2：按表 7.11 对 J、K 和 CP 端提供逻辑功能。

步骤 3：将测试结果填入表 7.11 中（每次测试前，触发器先置零）。

表 7.11　JK 触发器的逻辑功能测试表

J	K	CP	Q_{n+1}
			$Q_n=0,\overline{Q_n}=1$
0	0	0→1	
		1→0	
0	1	0→1	
		1→0	
1	0	0→1	
		1→0	
1	1	0→1	
		1→0	

三、任务评价

根据任务完成情况，完成任务表 7.12 任务评价单的填写。

表 7.12　任务评价单

【自我评价】
总结与反思：
实训人签字：
【小组互评】
该成员表现：
组长签字：
【教师评价】
该成员表现：
教师签字：

【实训注意事项】

(1)连接好所有接线，检查无误后再通电。

(2)注意不要接触裸露导体。

任务 7.2　时序逻辑电路的分析及设计

知识目标

1. 了解典型时序逻辑电路的结构；
2. 掌握时序逻辑电路的分析方法；
3. 理解 555 定时电路的设计思路。

能力目标

1. 能够分析典型的时序逻辑电路；
2. 能够根据要求设计 555 定时电路。

素养目标

热爱本专业，具有较好的职业道德、团队精神和组织协调能力，具备创新意识。

读一读

组合逻辑电路在逻辑功能上的特点是任意时刻的输出仅仅取决于该时刻的输入，与电路原来的状态无关。而时序逻辑电路在逻辑功能上的特点是任意时刻的输出不仅取决于当时的输入信号，而且还取决于电路原来的状态，或者说，还与之前的输入有关。

时序逻辑电路

学一学

时序逻辑电路是怎样构成的？应如何分析和设计一个典型的时序逻辑电路呢？让我们一起来学习以下的学习单元吧！

理论学习 7.2.1　时序逻辑电路概述

为了进一步说明时序逻辑电路的特点，下面来分析一下图 7.12 中的实例——串行加法器电路。

所谓串行加法，是指在将两个多位数相加时，采取从低位到高位逐位相加的方式完成相加运算。由于每一位（例如第 i 位）相加的结果不仅取决于本位的两个加数 a 和 b，还与低一位是否有进位有关，所以完整的串行加法器电路除了应该具有将两个加数和来自低位的进位相加的能力之外，还必须具备记忆功能，这样才能把本位相加后的进位结果保存下来，以备做高一位的加法时使用。因此，图 7.12 行加法器电路包含了两个组成部分，一部分是全加器，另一部分是由触发器构成的存储电路。前者执行 a_i、b_i 和 c_{i-1} 三个数的相加运算,后者负责记下每次相加后的进位结果。

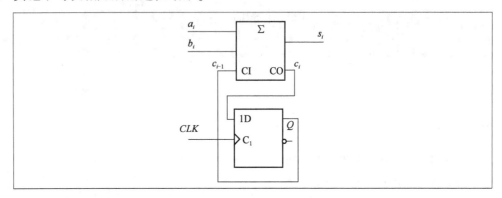

图 7.12　串行加法器电路

通过这个简单的例子不难看出,时序电路在电路结构上有两个显著的特点:第一,时序电路通常包含组合电路和存储电路两个组成部分,而存储电路是必不可少的;第二,存储电路的输出状态必须反馈到组合电路的输入端,与输入信号一起,共同决定组合逻辑电路的输出。

时序电路的结构框图可以画出图 7.13 所示的普遍形式。图中的 $X(x_1, x_2, \cdots, x_i)$ 代表输入信号,$Y(y_1, y_2, \cdots, y_j)$ 代表输出信号,$Z(z_1, z_2, \cdots, z_k)$ 代表存储电路的输入信号,$Q(q_1, q_2, \cdots, q_i)$ 代表存储电路的输出。这些信号之间的逻辑关系可以用三个方程组来描述:

$$\left.\begin{aligned} y_1 &= f_1(x_1, x_2, \cdots, x_i, q_1, q_2, \cdots, q_i) \\ y_2 &= f_2(x_1, x_2, \cdots, x_i, q_1, q_2, \cdots, q_i) \\ &\vdots \\ y_j &= f_j(x_1, x_2, \cdots, x_i, q_1, q_2, \cdots, q_i) \end{aligned}\right\} \quad (7.1)$$

$$\left.\begin{aligned} z_1 &= g_1(x_1, x_2, \cdots, x_i, q_1, q_2, \cdots, q_i) \\ z_2 &= g_2(x_1, x_2, \cdots, x_i, q_1, q_2, \cdots, q_i) \\ &\vdots \\ z_k &= g_k(x_1, x_2, \cdots, x_i, q_1, q_2, \cdots, q_i) \end{aligned}\right\} \quad (7.2)$$

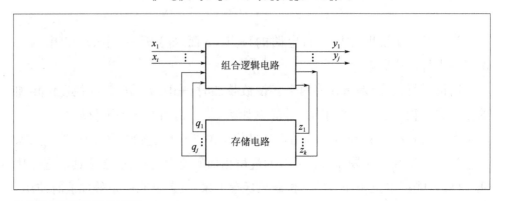

图 7.13　时序电路结构框图

$$\left.\begin{array}{l}q_1 = h_1(x_1, x_2, \cdots, x_i, q_1, q_2, \cdots, q_i)\\ q_2 = h_2(x_1, x_2, \cdots, x_i, q_1, q_2, \cdots, q_i)\\ \vdots\\ q_j = h_l(x_1, x_2, \cdots, x_i, q_1, q_2, \cdots, q_i)\end{array}\right\} \quad (7.3)$$

如果将上述三个方程组写成向量函数的形式,则得到

$$\boldsymbol{Y} = \boldsymbol{F}[\boldsymbol{X}, \boldsymbol{Q}] \quad (7.4)$$
$$\boldsymbol{Z} = \boldsymbol{G}[\boldsymbol{X}, \boldsymbol{Q}] \quad (7.5)$$
$$\boldsymbol{Q} = \boldsymbol{H}[\boldsymbol{Z}, \boldsymbol{Q}] \quad (7.6)$$

由于存储电路中触发器的动作特点不同,在时序电路中又有同步时序电路和异步时序电路之分。在同步时序电路中,所有触发器状态的变化都是在同一时钟信号的操作下同时发生的。而在异步时序电路中,触发器状态的变化不是同时发生的。

在分析时序电路时只要将状态变量和输入信号一样当作逻辑函数的输入变量处理,那么分析组合电路的一些运算方法仍然可以使用。不过,由于任意时刻状态变量的取值都和电路的历史情况有关,所以分析起来要比组合电路复杂一些。为便于描述存储电路的状态及其转换规律,还要引入一些新的表示方法和分析方法。

理论学习7.2.2 时序逻辑电路的分析

一、同步时序逻辑电路的分析方法

分析一个时序电路,就是要找出给定时序电路的逻辑功能。具体地说,就是要求找出电路的状态和输出的状态在输入变量和时钟信号作用下的变化规律。

首先讨论同步时序电路的分析方法。由于同步时序电路中所有触发器都是在同一个时钟信号的操作下工作的,所以分析方法比较简单。

时序电路的逻辑功能可以用输出方程、驱动方程和状态方程全面描述。因此,只要能写出给定逻辑电路的这三个方程,那么它的逻辑功能也就表示清楚了。根据这三个方程,就能够求得在任何给定输入变量状态和电路状态下电路的输出和次态。

分析同步时序电路时一般按如下步骤进行:

(1)从给定的逻辑图中写出每个触发器的驱动方程(亦即存储电路中每个触发器输入信号的逻辑函数式)。

(2)将得到的这些驱动方程代入相应触发器的特性方程,得出每个触发器的状态方程,从而得到由这些状态方程组成的整个时序电路的状态方程组。

(3)根据逻辑图写出电路的输出方程。

二、时序逻辑电路的状态转换表、状态转换图和时序图

用于描述时序电路状态转换全部过程的方法有状态转换表(也称状态转换真值表)、状态转换图、时序图。这几种方法和方程组一样,都可以用来描述同一个时序电路的逻辑功能,所以它们之间可以互相转换。

1. 状态转换表

若将任何一组输入变量及电路初态的取值代入状态方程和输出方程,即可算出电路的次态和现态下的输出值;以得到的次态作为新的初态,与这时的输入变量取值一起再代入状态方程和输出方程进行计算,又得到一组新的次态和输出值。如此继续下去,将全部的计算结果列成真值表的形式,就得到了状态转换表。

2. 状态转换图

为了以更加形象的方式直观地显示出时序电路的逻辑功能,有时还进一步将状态转换表的内容表示成状态转换图的形式,如图 7.14 所示。

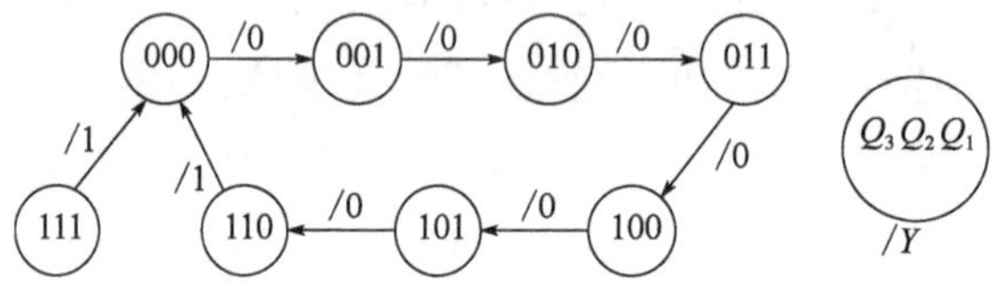

图 7.14　状态转换图

3. 时序图

为便于用实验观察的方法检查时序电路的逻辑功能,还可以将状态转换表的内容画成时间波形的形式。在输入信号和时钟脉冲序列的作用下,电路状态、输出状态随时间变化的波形图称为时序图,如图 7.15 所示。

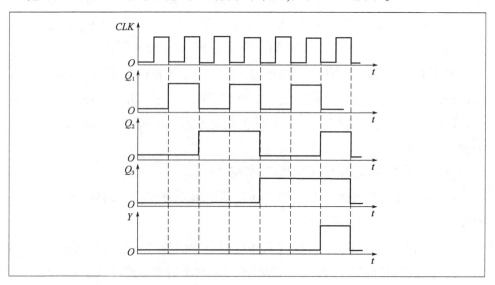

图 7.15　时序图

想一想

根据同步时序电路的分析,想一想怎样分析异步时序电路?

理论学习7.2.3　555定时电路的设计

一、555定时器的电路结构

555定时器是一种多用途的数字-模拟混合集成电路,利用它能极方便地构成施密特触发器、单稳态触发器和多谐振荡器。由于使用灵活、方便,所以555定时器在波形的产生与变换、测量与控制等许多领域中都得到了应用。

正因为如此,自Signetics公司于1972年推出这种产品以后,国际上各主要的电子器件公司也都相继地生产了各自的555定时器产品。尽管产品型号繁多,但所有双极型产品型号最后的3位数码都是555,所有CMOS产品型号最后的4位数码都是7555,而且它们的功能和外部引脚的排列完全相同。为了提高集成度,随后又生产了双定时器产品556(双极型)和7556(CMOS型)。

图7.16是国产双极型定时器CB555的电路结构图。它由比较器C_1和C_2、SR锁存器和集电极开路的放电三极管T_D三部分组成。

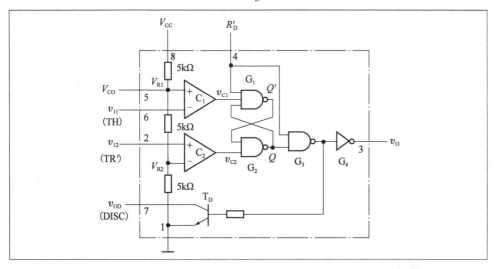

图7.16　国产双极型定时器CB555的电路结构图

v_{I1}是比较器C_1的输入端,v_{I2}是比较器C_2的输入端。C_1和C_2的参考电压V_{R1}和V_{R2}由V_{CC}经三个5kΩ电阻分压给出。在控制电压输入端V_{CO}悬空时,$V_{R1}=\frac{2}{3}V_{RR}$、$V_{R2}=\frac{1}{3}V_{CC}$。如果V_{CO}外接固定电压,则$V_{R1}=V_{CO}$,$V_{R2}=\frac{1}{2}V_{CO}$。R'_D是置零输入端。只要R'_D端加上低电平,输入端v_O便立即被置成低电平,不受其他输入端状态的影响。正常工作时必须使$R'_D=0$,图中的数码1至8为器件引脚的编号。

由图7.17可知,当$v_{I1}>V_{R1}$、$v_{I2}>V_{R2}$时,比较器C_1的输出$v_{C1}=0$,比较器C_2

的输出 $v_{C2}=1$,SR 锁存器被置于 0,T_D 导通,同时 v_O 为低电平。

当 $v_{I1}<V_{R1}$、$v_{I2}>V_{R2}$ 时,$v_{C1}=1$、$v_{C2}=1$,锁存器的状态保持不变,因而 T_D 和输出的状态也维持不变。

当 $v_{I1}>V_{R1}$、$v_{I2}>V_{R2}$ 时,$v_{C1}=0$、$v_{C2}=0$,锁存器处于 $Q=Q'=1$ 的状态,v_O 处于高电平,同时 T_D 截止。

为了提高电路的带负载能力,还在输出端设置了缓冲器 G_4。如果将 v_{OD} 端经过电阻接到电源上,那么只要这个电阻的电阻值足够大,v_O 为高电平时,v_{OD} 也一定为高电平,v_O 为低电平时,v_{OD} 也一定为低电平。555 定时器能在很宽的电源电压范围内工作,并可承受较大的负载电流。双极型 555 定时器的电源电压范围为 5~16V,最大的负载电流达 200mA。CMOS 型 7555 定时器的电源电压范围为 3~18V,但负载电流在 4mA 以下。

二、用 555 定时器接成的施密特触发器

将 555 定时器的 v_{I1} 和 v_{I2} 两个输入端连在一起作为信号输入端,如图 7.17 所示,即可得到施密特触发器。

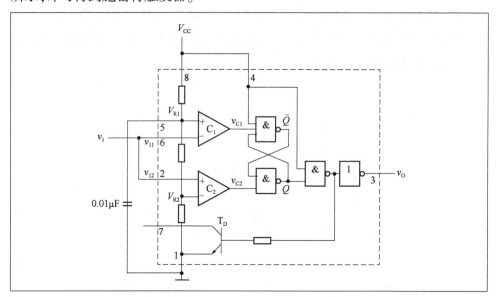

图 7.17 用 555 定时器接成的施密特触发器

由于比较器 C_1 和 C_2 的参考电压不同,因而 SR 锁存器的置 0 信号和置 1 信号必然发生在输入信号的不同电平。因此,输出电压由高电平变为低电平和由低电平变为高电平所对应的输入信号值也不相同,这样就形成了施密特触发特性。

三、用 555 定时器接成的多谐振荡器

只要把施密特触发器的反相输出端经 RC 积分电路接回到它的输入端,就构成了多谐振荡器。因此,只要将 555 定时器的 v_{I1} 和 v_{I2} 连在一起接成施密特触发器,然后再将 v_O 经 RC 积分电路接回输入端就可以接成多谐振荡器。

为了减轻 555 内部门 G_4 的负载,在电容 C 的容量较大时不宜直接由 G_4 提供电容的充放电电流。为此,在图 7.18 电路中将内部的 T_D 与 R_1 接成了一个反相器,它的输出 v_{OD} 与 v_O 在高、低电平状态上完全相同。将 v_{OD} 经 R_2 和 C 组成的积分电路接到施密特触发器的输入端同样也能构成多谐振荡器,如图 7.18 所示。

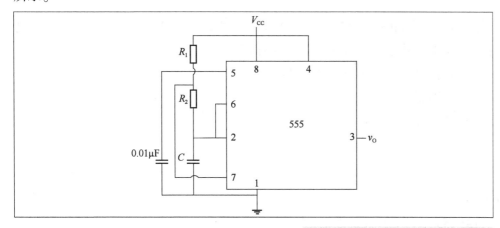

图 7.18　用 555 定时器接成的多谐振荡器

任务实训 搭接与测试555定时器组成的多谐振荡器

班级:_____ 姓名:_____ 学号:_____ 成绩:_____

一、任务描述

学生分为若干组,每组提供稳压电源、示波器各一台,555定时器一个,30kΩ电阻一只,20kΩ电阻一只,100kΩ电位器一只,0.1μF电容一只。完成以下工作任务:

(1)搭接图7.19所示的由555定时器构成的多谐振荡器;

(2)对该振荡器进行功能测试;

(3)对实验结果进行总结分析。

二、任务实施

任务1:搭接多谐振荡器

搭接图7.19所示的由555定时器构成的多谐振荡器

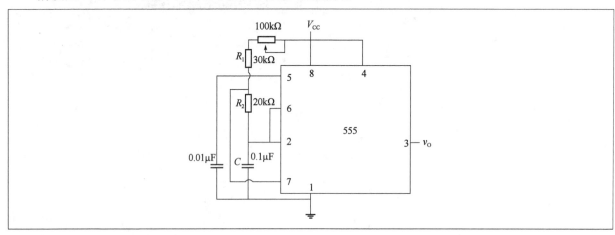

图7.19 555定时器组成的多谐振荡器

任务2:对多谐振振荡器进行功能测试

改变100kΩ电阻值,观察输出波形发生的变化,将电阻值变化与波形变化规律进行记录。

任务3:对实验结果进行总结分析

实验总结分析:

三、任务评价

根据任务完成情况,完成任务表7.13任务评价单的填写。

表7.13 任务评价单

【自我评价】 　　总结与反思: 　　　　　　　　　　　　　　　　　　　　　　　　　　　　　　　　　　　实训人签字:
【小组互评】 　　该成员表现: 　　　　　　　　　　　　　　　　　　　　　　　　　　　　　　　　　　　组长签字:
【教师评价】 　　该成员表现: 　　　　　　　　　　　　　　　　　　　　　　　　　　　　　　　　　　　教师签字:

【实训注意事项】

(1)连接好所有接线,检查无误后再通电。

(2)注意不要接触裸露导体。

任务7.3　时序逻辑电路的应用

知识目标

1. 了解计数器的功能及计数器的类型;
2. 掌握二进制、十进制等典型继承计数器的特征及应用;
3. 了解寄存器的功能、基本构成和常见类型;
4. 掌握典型基本寄存器和移位寄存器的特征。

能力目标

1. 具备正确选用计数器和寄存器的能力;
2. 能够根据功能要求,搭接时序逻辑电路。

素养目标

具备举一反三、理论联系实际的能力,追求真理、揭示真理、笃行真理。

读一读

时序电路可分为两大类:同步时序电路和异步时序电路。在同步时序电路中,电路的状态仅仅在统一的信号脉冲(称为时钟脉冲,通常用 CP 表示)控制下才同时变化一次。如果 CP 脉冲没来,即使输入信号发生变化,它可能会影响输出,但一定不会改变电路的状态(即记忆电路的状态)。在异步时序电路中,记忆元件的状态变化不是同时发生的。这种电路中没有统一的时钟脉冲。任何输入信号的变化都可能立刻引起异步时序电路状态的变化。常见的基本时序电路有计数器、寄存器等。

看一看

【学习情境设计】

请查看如图7.20所示的节日彩灯工作情况。彩灯按照时间规律轮流亮灭。

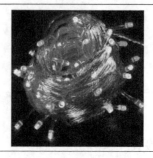

图7.20　节日彩灯

想一想

为什么彩灯能依据时间规律轮流亮灭?

因为控制装置按预设节律轮流控制着彩灯的亮灭。这就是时序逻辑电路的典型应用。

学一学

时序逻辑电路是怎样构成的?它有哪些逻辑部件?让我们一起来学习以下的学习单元吧!

理论学习 7.3.1 计数器

计数器在数字系统中应用广泛,如在电子计算机的控制器中对指令地址进行计数,以便顺序取出下一条指令,在运算器中做乘法、除法运算时记下加法、减法次数,又如在数字仪器中对脉冲的计数等。计数器可以用来显示设备的工作状态,比如设备已经完成了多少份的折页、配页工作。它主要的指标在于计数器的位数,常见的有 3 位和 4 位。很显然,3 位数的计数器最大可以显示到 999,4 位数的计数器最大可以显示到 9999。

一、同步计数器

1. 同步二进制计数器

根据二进制加法运算规则可知,在一个多位二进制数的末位上加 1 时,若其中第 i 位(即任何一位)以下各位皆为 1 时,则第 i 位应改变状态(由 0 变成 1,由 1 变成 0)。而最低位的状态在每次加 1 时都要改变。例如:

$$
\begin{array}{r}
1\ 0\ 1\ 1\ (0\ 1\ 1) \\
+\qquad\qquad 1 \\
\hline
1\ 0\ 1\ 1\ (1\ 0\ 0)
\end{array}
$$

按照上述原则,最低的 3 位数都改变了状态,而高 4 位状态未变。同步计数器通常用 T 触发器构成,结构形式有两种,一种是控制输入端 T 的状态,另一种是控制时钟信号。前者,当每次 CLK 信号(也就是计数脉冲)到达时,使该翻转的那些触发器输入控制端 $T_i = 1$,不该翻转的 $T_i = 0$。而控制时钟信号,每次计数脉冲到达时,只能加到该翻转的那些触发器的 CLK 输入端上,而不能加给那些不该翻转的触发器。同时,将所有的触发器接成 $T=1$ 的状态。这样,就可以用计数器电路的不同状态来记录输入的 CLK 脉冲数目。

由此可知,当通过 T 端的状态控制时,第 i 位触发器输入端的逻辑式应为

$$T_i = Q_{i-0} \cdot Q_{i-2} \cdot \cdots \cdot Q_1 \cdot Q_0 = \prod_{j=0}^{i-1} Q_j \tag{7.7}$$

只有最低位例外,按照计数规则,每次输入计数脉冲时它都要翻转,故 $T_0 = 1$。

图 7.21 所示电路就是按照上式接成的四位二进制同步加法计数器。由图可见,各触发器的驱动方程

$$\left.\begin{aligned} T_0 &= 1 \\ T_1 &= Q_0 \\ T_2 &= Q_0 Q_1 \\ T_3 &= Q_0 Q_1 Q_2 \end{aligned}\right\} \quad (7.8)$$

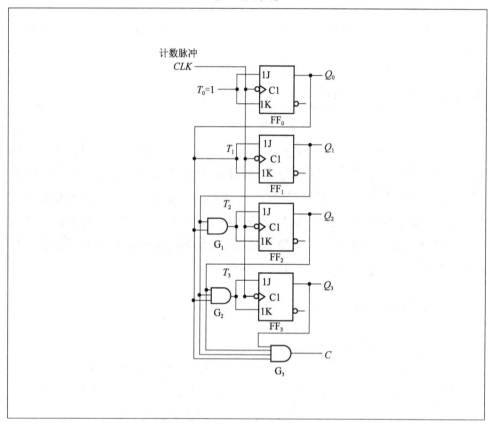

图 7.21　用触发器构成的同步二进制同步加法计数器

将上式代入 T 触发器的特性方程式得到电路的状态方程

$$\left.\begin{aligned} Q_0^* &= Q_0' \\ Q_1^* &= Q_0 Q_1' + Q_0' Q_1 \\ Q_2^* &= Q_0 Q_1 Q_2' + (Q_0 Q_1) Q_2 \\ Q_3^* &= Q_0 Q_1 Q_2 Q_3' + (Q_0 Q_1 Q_2)' Q_3 \end{aligned}\right\} \quad (7.9)$$

电路的输出方程为

$$C = Q_0 Q_1 Q_2 Q_3 \quad (7.10)$$

根据上式求出电路的状态转换表,如表 7.14 所示。利用第 16 个计数脉冲到达时 C 端电势的下降沿可作为向高位计数器电路进位的输出信号。

表 7.14 电路的状态转换表

计数顺序	电路状态				等效十进制数	进位输出 C
	Q_3	Q_2	Q_1	Q_0		
0	0	0	0	0	0	0
1	0	0	0	1	1	0
2	0	0	1	0	2	0
3	0	0	1	1	3	0
4	0	1	0	0	4	0
5	0	1	0	1	5	0
6	0	1	1	0	6	0
7	0	1	1	1	7	0
8	1	0	0	0	8	0
9	1	0	0	1	9	0
10	1	0	1	0	10	0
11	1	0	1	1	11	0
12	1	1	0	0	12	0
13	1	1	0	1	13	0
14	1	1	1	0	14	0
15	1	1	1	1	15	1
16	0	0	0	0	0	0

图 7.22 和图 7.23 是上述电路的状态转换图和时序图。

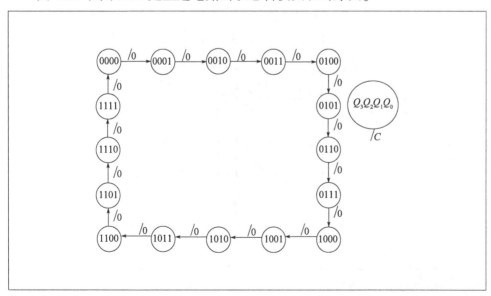

图 7.22 电路的状态转换图

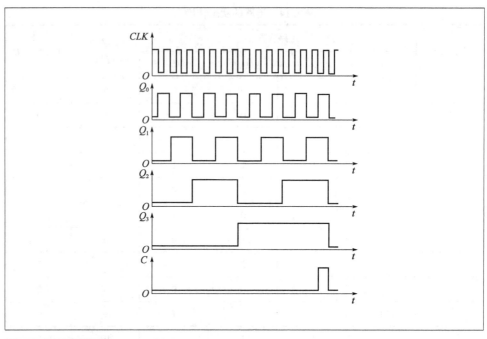

图 7.23　电路的时序图

2. 同步十进制计数器

图 7.24 所示电路是用 T 触发器组成的同步十进制加法计数器电路，它是在同步二进制加法计数器电路的基础上略加修改而成的。

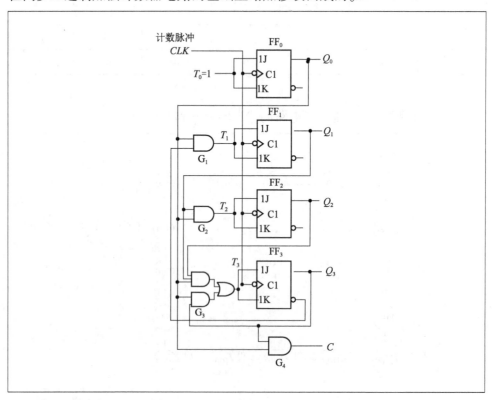

图 7.24　同步十进制加法计数器电路

从逻辑图上可写出电路的驱动方程为

$$T_0 = 1$$
$$T_1 = Q_0 Q_3'$$
$$T_2 = Q_0 Q_1$$
$$T_3 = Q_0 Q_1 Q_2 + Q_0 Q_3$$
(7.11)

将上式代入 T 触发器的特性方程即得到电路的状态方程

$$Q_0^* = Q_0'$$
$$Q_1^* = Q_0 Q_3' Q_1' + (Q_0 Q_3')' Q_1$$
$$Q_2^* = Q_0 Q_1 Q_2' + (Q_0 Q_1)' Q_2$$
$$Q_3^* = (Q_0 Q_1 Q_2 + Q_0 Q_3) Q_3' + (Q_0 Q_1 Q_2 + Q_0 Q_3)' Q_3$$
(7.12)

根据上式进一步列出表 7.15 所示的电路状态转换表,并画出图 7.25 的电路状态转换图。由状态转换图可见,这个电路是能够自启动的。

表 7.15 电路状态转换表

计数顺序	电路状态				等效十进制数	进位输出 C
	Q_3	Q_2	Q_1	Q_0		
0	0	0	0	0	0	0
1	0	0	0	1	1	0
2	0	0	1	0	2	0
3	0	0	1	1	3	0
4	0	1	0	0	4	0
5	0	1	0	1	5	0
6	0	1	1	0	6	0
7	0	0	1	1	7	0
8	1	0	0	0	8	0
9	1	0	0	1	9	1
10	0	0	0	0	0	0
0	1	1	0	0	10	0
1	1	1	0	1	11	1
2	0	1	0	0	2	0
0	1	1	0	0	12	0
1	1	1	0	1	13	1
2	0	1	0	0	4	0
0	1	1	1	0	14	
1	1	1	1	1	15	
2	0	0	1	0	2	

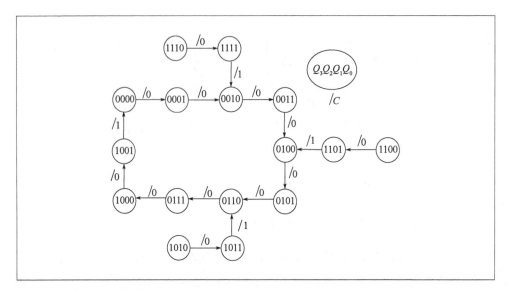

图 7.25 电路的状态转换图

二、异步计数器

1. 异步二进制计数器

异步计数器在做"加 1"计数时是采取从低位到高位逐位进位的方式工作的。因此，其中各个触发器不是同步翻转的。首先讨论二进制加法计数器的构成方法。按照二进制加法计数规则，每一位如果已经是 1 则再记入 1 时，应变为 0，同时向高位发出进位信号，使高位翻转。若使用下降沿动作的 T 触发器组成计数器并令 $T=1$，则只要将低位触发器的 Q 端接至高位触发器的时钟输入端就行了。当低位由 1 变为 0 时，Q 端的下降沿正好可以作为高位的时钟信号。

图 7.26 是用下降沿触发的 T 触发器组成的三位二进制加法计数器，T 触发器是令 JK 触发器的 $J=K=1$ 而得。因为所有的触发器都是在时钟信号下降沿动作，所以进位信号应从低位的 Q 端引出。最低位触发器的时钟信号 CLK 也就是要记录的计数输入脉冲。

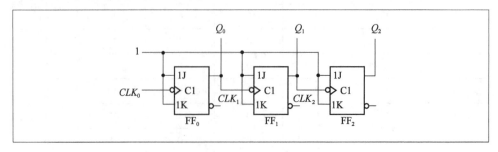

图 7.26 下降沿动作的异步二进制加法计数器

根据 T 触发器的翻转规律，即可画出在一系列 CLK 脉冲信号作用下 Q_0、Q_2 的电压波形，如图 7.27 所示，由图可见，触发器输出端新状态的建立，要比 CLK 下降沿滞后一个触发器的传输延迟时间。

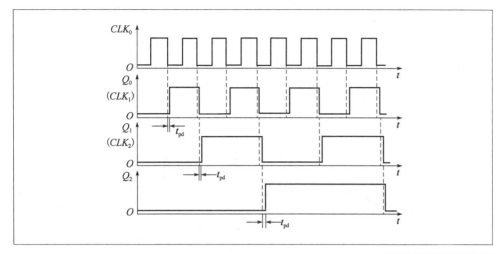

图7.27 电路的时序图

从时序图出发,还可以列出电路的状态转换表,画出状态转换图。这些都和同步二进制计数器相同,在此不再重复。

用上升沿触发的 T 触发器,同样可以组成异步二进制加法计数器。但每一级触发器的进位脉冲,应改由 Q' 端输出。

2. 异步十进制计数器

异步十进制加法计数器是在四位异步二进制加法计数器的基础上加以修改而得。修改时,要解决的问题是如何使四位二进制计数器在计数过程中跳过从1010到1111这6个状态。

图7.28所示电路是异步十进制加法计数器的典型电路。假定所用的触发器为TTL电路,J、K 端悬空时,相当于接逻辑1电平。

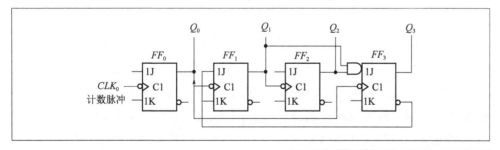

图7.28 异步十进制加法计数器的典型电路

如果计数器从 $Q_3Q_2Q_1Q_0=0000$ 开始计数,由图可知,在输入第八个计数脉冲以前,FF_0、FF_1 和 FF_2 的 J 和 K 始终为1,即工作在 T 触发器的 $T=1$ 状态,因而工作过程和异步二进制加法计数器相同。在此期间,虽然 Q 输出的脉冲也送给了 FF_3,但由于每次 Q_0 的下降沿到达时 $J_3=Q_1Q_2=0$,所以 FF_3 一直保持0状态不变。

当第八个计数脉冲输入时,由于 $J_3=K_3=1$,所以 Q_1 的下降沿到达以后 FF_3 由0变为1。同时 J 也随 Q' 变为0状态。第九个计数脉冲输入以后,电路状态变成 $Q_3Q_2Q_1Q_0=1001$。第十个计数脉冲输入后,FF_0 翻成0,同时 Q_0 的下降沿使 FF_3 置0,于是电路从1001返回到0000,跳过了1010到1111这6个状态,成为十进制计数器。

将上述过程用电压波形表示,即得到图 7.29 所示的时序图。根据时序图又可列出电路的状态转换表,画出电路的状态转换图。

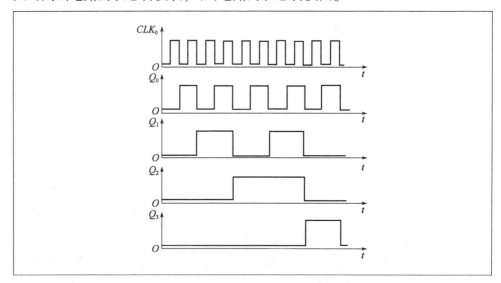

图 7.29　电路的时序图

理论学习 7.3.2　寄存器

数字系统和计算机中,寄存器(Register)是用来存放数据和代码信息的一种基本数字逻辑部件。寄存器具有接收信息、存放信息或传递信息的功能。一个触发器可以存放一位二进制信息,触发器组成的寄存器就可以存放 n 位二进制代码。

按其功能,寄存器有数码寄存器和移位寄存器之分。移位寄存器除了寄存信息外,还有信息移位功能。按照输入、输出信息的方式,寄存器有并入并出、并入串出、串入并出、串入串出等工作方式。寄存器的 n 位信息由同一个时钟触发脉冲控制同时接收或发出,则称为并入或并出;寄存器的 n 位信息由 n 个时钟触发脉冲控制按顺序移入或移出 n 位寄存器,则称为串入或串出。

在实际中,使用最多的是 TTL 和 CMOS 集成寄存器。它们都是中规模集成电路。

一、基本寄存器

寄存器用于寄存一组二值代码,它被广泛地用于各类数字系统和数字计算机中。因为一个触发器能储存一位二值代码,所以用 N 个触发器组成的寄存器能储存一组 N 位的二值代码。对寄存器中的触发器只要求它们具有置 1、置 0 的功能即可,因而用电平触发、脉冲触发或边沿触发的触发器都可以组成寄存器。图 7.30 是一个用电平触发的同步 SR 触发器组成的四位寄存器的实例——74LS75 的逻辑图。由电平触发的动作特点可知,在 CLK 的高电平期间,

Q 端的状态跟随 D 端的状态而变,在 CLK 变成低电平以后,Q 端将保持 CLK 转变为低电平时刻 D 端的状态。

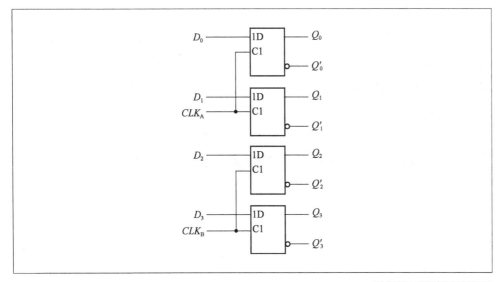

图 7.30 74LS75 的逻辑图

74HC175 则是用 CMOS 边沿触发器组成的四位寄存器,它的逻辑图如图 7.31 所示。根据边沿触发的动作特点可知,触发器输出端的状态仅仅取决于 CLK 上升沿到达时刻 D 端的状态。可见,虽然 74LS75 和 74HC175 都是四位寄存器,但由于采用了不同结构类型的触发器,所以动作特点是不同的。

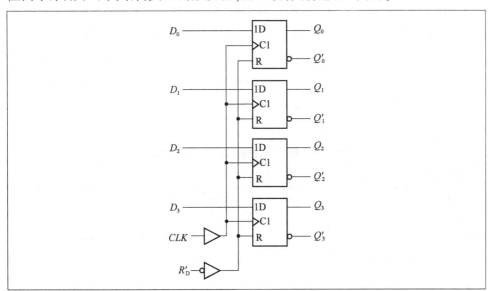

图 7.31 74HC175 的逻辑图

为了增加使用的灵活性,在有些寄存器电路中还附加了一些控制电路,使寄存器又增添了异步置 0、输出三态控制和"保持"等功能。这里所说的"保持",是指 CLK 信号到达时触发器不随 D 端的输入信号而改变状态,保持原来的状态不变。

在上面介绍的两个寄存器电路中,接收数据时所有代码是同时输入的,而且触发器中的数据是并行地出现在输出端的,因此将这种输入、输出方式称为并行输入、并行输出方式。

二、移位寄存器

移位寄存器除了具有存储代码的功能以外,还具有移位功能。所谓移位功能,是指寄存器里存储的代码能在移位脉冲的作用下依次左移或右移。因此,移位寄存器不但可以用来寄存代码,还可以用来实现数据的串行-并行转换、数值运算以及数据处理等。

图 7.32 所示电路是由边沿触发方式的 D 触发器构成的四位移位寄存器,其中第一个触发器 FF_0 的输入端接收输入信号,其余的每个触发器输入端均与前边一个触发器的 Q 端相连。

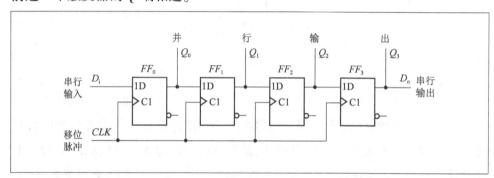

图 7.32　用 D 触发器构成的四位移位寄存器

因为从 CLK 上升沿到达开始到输出端新状态的建立需要经过一段传输延迟时间,所以当 CLK 的上升沿同时作用于所有的触发器时,它们输入端(D 端)的状态还没有改变。于是 FF_1 按 Q_0 原来的状态翻转,FF_2 按 Q_1 原来的状态翻转,FF_3 按 Q_2 原来的状态翻转。同时,加到寄存器输入端 D 的代码存入 FF_0。总的效果相当于移位寄存器里原有的代码依次右移了 1 位。移位寄存器中代码的移动状况如表 7.16 所示。

表 7.16　移位寄存器中代码的移动状况

CLK 的顺序	输入D_i	Q_0	Q_1	Q_2	Q_3
0	0	0	0	0	0
1	1	1	0	0	0
2	0	0	1	0	0
3	1	1	0	1	0
4	1	1	1	0	1

可以看到,经过四个 CLK 信号以后,串行输入的四位代码全部移入了移位寄存器中,同时在四个触发器的输出端得到了并行输出的代码。因此,利用移位寄存器可以实现代码的串行-并行转换。如果首先将四位数据并行地置入移位寄存器的四个触发器中,然后连续加入四个移位脉冲,则移位寄存器里的四位代码将从串行输出端依次送出,从而实现了数据的并行-串行转换。

图 7.33 给出了各触发器输出端在移位过程中的电压波形图。

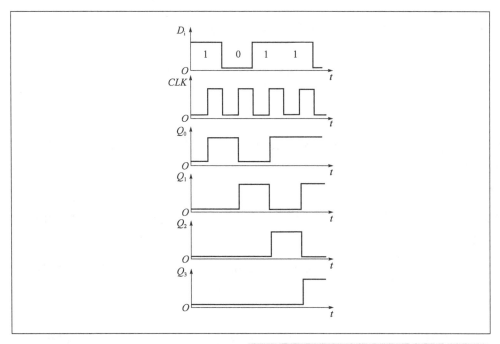

图7.33 各触发器输出端在移位过程中的电压波形图

任务实训 制作8路彩灯控制器

班级:_____ 姓名:_____ 学号:_____ 成绩:_____

一、任务描述

学生分为若干组,每组提供实训设备与器材一套。设计制作八路彩灯控制电路,用以控制八个 LED 彩灯按照不同的花色闪烁,完成以下工作任务:

(1)每组成员共同设计一份电路图;

(2)将所设计的电路图与图 7.34 进行对比、分析,分析自主设计的电路与图 7.34 有何异同,并按图 7.34 进行电路搭接;

(3)向 74LS161 *CLK* 端输入脉冲信号,实现 LED 灯按花型闪烁功能。分析图 7.34 所示电路工作原理。

二、任务实施

实现彩灯控制要求设计的彩灯路数较少,且花型比较简单,因此采用 74LS194 移位寄存器和 74LS161 四进制同步加法计数器以及简单的逻辑器件来控制彩灯电路。

总体电路共分三部分:第一部分实现时钟信号的产生和控制,利用函数信号发生器实现脉冲功能;第二部分实现花型的控制及节拍控制,利用 74LS161 芯片实现该功能;第三部分实现花型的演示,利用 74LS194 芯片实现该功能。

任务 1:设计电路图

每组成员共同自主设计一份电路图。

任务 2:对比分析、搭接电路图

将所设计的电路图与图 7.34 进行对比分析,分析自主设计的电路与图 7.34 有何异同,并按图 7.34 进行电路搭接。

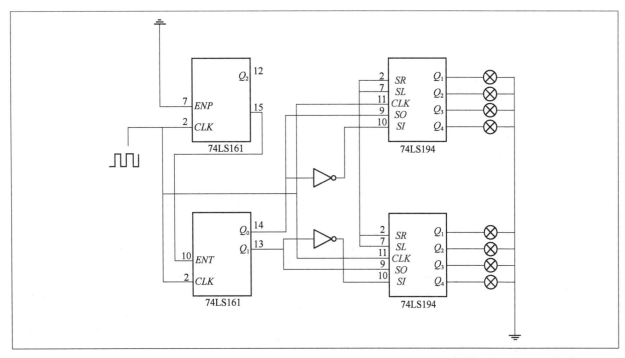

图 7.34 八路彩灯控制器总体电路图

任务 3:分析电路工作原理

向 74LS161 CLK 端输入脉冲信号,实现 LED 灯花型闪烁功能。分析图 7.34 所示电路的工作原理。

工作原理:

三、任务评价

根据任务完成情况,完成任务表 7.17 任务评价单的填写。

表 7.17 任务评价单

【自我评价】
总结与反思: 实训人签字:
【小组互评】
该成员表现: 组长签字:
【教师评价】
该成员表现: 教师签字:

【实训注意事项】

(1)要理解电路三个部分,并能够说出其原理。

(2)了解数字电路设计的基本思想和方法,进一步掌握本章所学内容。

应知应会要点归纳

现将各部分归纳如下。

触发器的识别与测试	触发器是一种具有记忆功能且在触发脉冲作用下能翻转状态的电路。触发器有0、1两个稳态,按逻辑功能分有:RS型、JK型、D型和T型等。 基本RS触发器没有实用价值,但它是各种触发的构成基础。同步RS触发器具有保持、置0、置1功能,输入信号在时钟信号$CP=1$期间起作用。在$CP=1$期间,它仍存在输入信号的直接控制和约束问题。 JK触发器具有保持、翻转、置0、置1功能。主从型JK触发器工作分两拍进行,在$CP=1$期间,接收输入信号;在CP下降沿时刻,进行输出状态改变。JK触发器还有边沿型。集成JK触发器有CC4027、74LS112等产品,可构成各种不同的实际电路。使用时,要注意JK触发器的触发时钟条件,以及引脚的排列、功能、使用条件等
时序逻辑电路的分析及设计	分析一个时序电路,就是要找出给定时序电路的逻辑功能。具体地说,就是要求找出电路的状态和输出的状态在输入变量和时钟信号作用下的变化规律。分析同步时序电路时,一般按如下步骤进行: (1)从给定的逻辑图中写出每个触发器的驱动方程(亦即存储电路中每个触发器输入信号的逻辑函数式); (2)将得到的这些驱动方程代入相应触发的特性方程,得出每个触发器的状态方程,从而得到由这些状态方程组成的整个时序电路的状态方程组; (3)根据逻辑图写出电路的输出方程。 555定时器是一种多用途的数字-模拟混合集成电路,利用它能极方便地构成施密特触发器、单稳态触发器和多谐振荡器。由于使用灵活、方便,所以555定时器在波形的产生与变换、测量与控制、家用电器、电子玩具等许多领域中都得到了应用
时序逻辑电路的应用	计数器是具有计数功能的电路,按进位制来分,有二进制计数器和非二进制计数器;按计数值的增减来分,有加法计数器、减法计数器和可逆计数器;按计数器中各触发状态翻转是否同步来分,有同步计数器和异步计数器。常用集成计数器有CC40161、CC4518等产品,可构成各种不同的实际电路。使用时,要注意其引脚的排列、功能和使用条件等。 寄存器是用来存放数据和代码信息的一种基本数字逻辑部件。寄存器按功能分类,有数码寄存器和移位寄存器。数码寄存器又称为并行输入、并行输出寄存器,是存放数码的组件;移位寄存器除了可寄存信息外,还有信息移位功能。常用集成寄存器有74LS164、74LS166、74LS194等产品,可构成各种不同的实际电路。使用时,要注意其引脚的排列、功能和使用条件等

知识拓展

一、555定时器的常见应用电路

1. 多谐振荡器

多谐振荡器是一种能产生矩形波的自激振荡器,也称矩形波发生器。"多谐"指矩形波中除了基波成分外,还含有丰富的高次谐波成分。多谐振荡器没有稳态,只有两个暂稳态。在工作时,电路的状态在这两个暂稳态之间自动地交替变换,由此产生矩形波脉冲信号,常用作脉冲信号源及时序电路中的时钟信号。利用深度正反馈,通过阻容耦合使两个电子器件交替导通与截止,从而自激产生方波输出的振荡器。多谐振荡器也常用作方波发生器。

用门电路设计多谐振荡器最简单的办法是将奇数个门首尾相连。但这种振荡器精度低,振荡频率也不能随心所欲地设计,它只是与奇数个门的延迟时间有关。阻容定时的多谐振荡器结构简单，定时精度高，振荡频率可以自由进行设计。

2. 单稳态触发器

单稳态触发器只有一个稳定状态和一个暂稳态。在外加脉冲的作用下，单稳态触发器可以从一个稳定状态翻转到一个暂稳态。由于电路中 RC 延时环节的作用，该暂态维持一段时间又回到原来的稳态，暂稳态维持的时间取决于 RC 的参数值。利用单稳态触发器的特性可以实现脉冲整形功能。

利用单稳态触发器能产生一定宽度的脉冲这一特性，可以将过窄或过宽的输入脉冲整形成固定宽度的脉冲输出。图 7.35 所示的不规则输入波形，经单稳态触发器处理后，便可得到固定宽度、固定幅度，且上升、下降沿陡峭的规整矩形波输出。

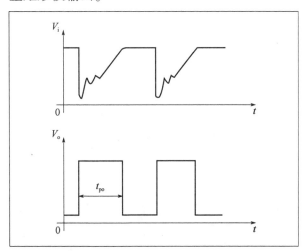

图 7.35 单稳态触发器脉冲整形

3. 施密特触发器

施密特触发器（Schmitt Trigger）有两个稳定状态，但与一般触发器不同的是，施密特触发器采用电势触发方式，其状态由输入信号电势维持；对于负向递减和正向递增两种不同变化方向的输入信号，施密特触发器有不同的阈值电压。在电子学中，施密特触发器是包含正反馈的比较器电路。

对于标准施密特触发器，当输入电压高于正向阈值电压，输出为高；当输入电压低于负向阈值电压，输出为低；当输入在正负向阈值电压之间，输出不改变，也就是说输出由高电准位翻转为低电准位或是由低电准位翻转为高电准位时所对应的阈值电压是不同的。只有当输入电压发生足够大的变化时，输出才会变化，因此将这种元件命名为触发器。这种双阈值动作被称为迟滞现象，表明施密特触发器有记忆性。从本质上来说，施密特触发器是一种双稳态多谐振荡器。

施密特触发器可作为波形整形电路，能将模拟信号波形整形为数字电路能够处理的方波波形，而且由于施密特触发器具有滞回特性，所以可用于抗干扰，其应用包括在开回路配置中用于抗扰，以及在闭回路正回授/负回授配置中用于实现多谐振荡器的功能。

二、D 触发器

D 触发器是一个具有记忆功能和两个稳定状态的信息存储器件，是构成多种时序电路的最基本逻辑单元，也是数字逻辑电路中一种重要的单元电路。

因此，D 触发器在数字系统和计算机中有着广泛的应用。触发器具有两个稳定状态，即"0"和"1"，在一定的外界信号作用下，可以从一个稳定状态翻转到另一个稳定状态。

D 触发器是由集成触发器和门电路组成的触发器。触发方式有电平触发和边沿触发两种，前者在 CP（时钟脉冲）$=1$ 时即可触发，后者多在 CP 的前沿（正跳变 $0\rightarrow 1$）触发。

D 触发器的次态取决于触发前 D 端的状态，即次态 $=D$。因此，它具有置 0、置 1 两种功能。

对于边沿 D 触发器，由于在 $CP=1$ 期间电路具有维持阻塞作用，所以在 $CP=1$ 期间，D 端的数据状态变化，不会影响触发器的输出状态。

D 触发器应用很广，可用作数字信号的寄存、移位寄存、分频和波形发生器等，D 触发器构成的四位移位寄存器如图 7.36 所示。

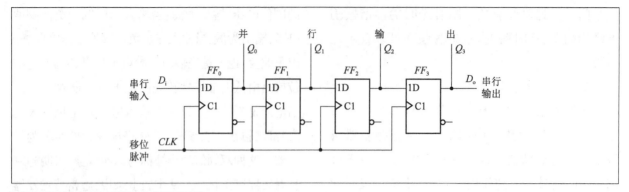

图 7.36　D 触发器构成的四位移位寄存器

评价反馈

班级:_____ 姓名:_____ 学号:_____ 成绩:_____

7.1 填空(每空1分,共8分)

(1)触发器就是具有_____的一种基本单元电路,它能够存储一位_____。

(2)时序逻辑电路的逻辑功能特点是:任一时刻的_____不仅取决于当时的_____,而且还取决于_____,或者说,还与以前的_____有关。

(3)分析一个时序电路,就是要求找出电路的状态和输出的状态在_____和_____作用下的变化规律。

7.2 分析题7.2图的计数器电路,说明这是多少进制的计数器,74160功能表请自行查询网络。(10分)

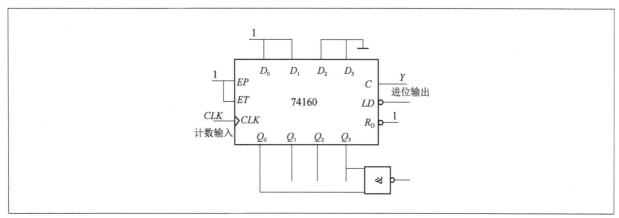

题7.2图

7.3 分析题7.3图时序电路的逻辑功能,写出电路的驱动方程、状态方程和输出方程。(12分)

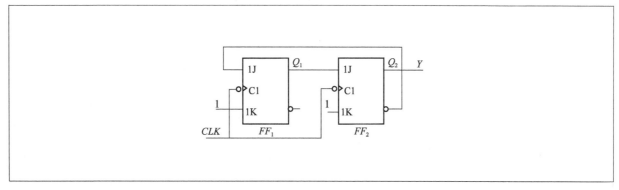

题7.3图

项目7 教学情况反馈单

评价项目	评价内容	评价等级				得分
		优秀	良好	合格	不合格	
教学目标 （10分）	知识与能力目标符合学生实际情况	5	4	3	2	
	重点突出、难点突破	5	4	3	2	
教学内容 （15分）	知识容量适中、深浅有度	5	4	3	2	
	善于创设恰当情境，让学生自主探索	5	4	3	2	
	知识讲授正确，具有科学性和系统性，体现应用与创新知识	5	4	3	2	
教学方法及手段 （20分）	教法灵活，能调动学生的学习积极性和主动性，注重能力培养	10	8	6	4	
	能恰当运用图标、模型或现代技术手段进行辅助教学	10	8	6	4	
教学过程 （30分）	教学环节安排合理，知识衔接自然	10	8	6	4	
	注重知识的发生、发展过程，有学法指导措施，课堂信息反馈及时	10	8	6	4	
	评价意见中肯且有激励作用，帮助学生认识自我、建立信心	10	8	6	4	
教师素质 （10分）	教态自然，语言表述清楚，富有激情和感染力	10	8	6	4	
教学效果 （15分）	课堂气氛活跃，学生积极主动地参与学习全过程，并在学法上有收获	5	4	3	2	
	大多数学生能正确掌握知识，并能运用知识解决简单的实际问题	10	8	6	4	
	总分	100	80	60	40	
老师，我想对您说						

项目8
D/A转换器与A/D转换器

 **问题导学**

1. 什么是 A/D 转换器？
2. 什么是 D/A 转换器？
3. 常见的 D/A 转换器有哪几种？
4. 常见的 A/D 转换器有哪几种？
5. 如何描述 D/A 转换器的转换精度与转换速度？
6. 如何描述 A/D 转换器的转换精度与转换速度？

 **思维导图**

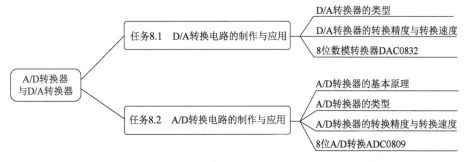

 情境导入

数字电路在处理模拟信号之前，必须将模拟信号转换成相应的数字信号，还要求将处理后得到的数字信号再转换成相应的模拟信号，作为最后的输出。小张毕业后，进入某半导体制造有限公司生产车间工作，需要对生产出来的 A/D 转换器与 D/A 转换器进行外观性能检测，同时需要掌握 A/D 转换器与 D/A 转换器的相关原理，小张通过查阅资料及认真学习，为今后相关方面的工作打下了坚实基础。

任务 8.1　D/A 转换电路的制作与应用

知识目标

1. 了解 D/A 转换器的类型和原理；
2. 掌握 D/A 转换器的转换精度与转换速度。

能力目标

1. 具备识别 D/A 转换器的类型的能力；
2. 具备绘制简单的 D/A 转换器电路并行仿真的能力。

素养目标

通过完成 D/A 转换器应用与制作实训任务，养成善于观察、勤于动手的职业素养。

看一看

什么是模拟信号？什么是数字信号？

请观察图 8.1、图 8.2：

(1) 观察两种信号的特点；
(2) 了解音频信号的处理过程。

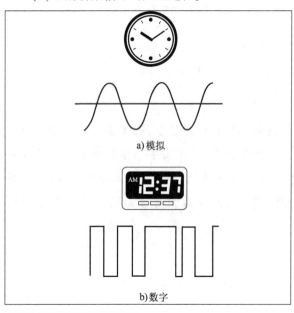

图 8.1　模拟信号和数字信号

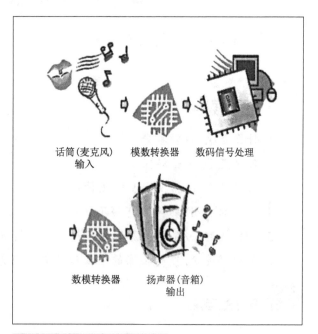

图 8.2　音频信号处理过程方框图

想一想

上述图片说明什么问题？

我们的声音如何录入光盘？光盘又是如何把我们的声音释放出来被他人听到？在音频信号处理过程中，数模转换器起了什么作用？

学一学

什么是数模转换？数模转换电路是怎样构成的？它又是怎样工作的？让我们一起来学习以下的学习单元吧！

理论学习 8.1.1 D/A 转换器的类型

D/A 转换器就是将数字信号转化为模拟信号。目前常见的 D/A 转换器有权电阻网络 D/A 转换器、倒 T 型电阻网络 D/A 转换器、权电流型网络 D/A 转换器等几种类型。

一、权电阻网络 D/A 转换器

图 8.3 是四位权电阻网络 D/A 转换器的原理图,它由权电阻网络、四个模拟开关和一个求和放大器组成。

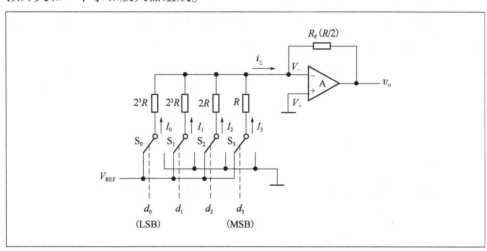

图 8.3 四位权电阻网络 D/A 转换器的原理图

S_3、S_2、S_1 和 S_0 是四个电子开关,它们的状态分别受输入代码 d_3、d_2、d_1 和 d_0 的取值控制,代码为 1 时开关接到参考电压 V_{REF} 上,代码为 0 时开关接地,故 $d_i=1$ 时有支路电流流向求和放大器,$d_i=1$ 时支路电流为零。

求和放大器是一个接成负反馈的运算放大器。为了简化分析计算,可以把运算放大器近似地看成是理想放大器,即它的开环放大倍数为无穷大,输入电流为零(输入电阻为无穷大),输出电阻为零。当同相输入端 V_+ 的电势高于反相输入端 V_- 的电势时,输出端对地的电压为电源电压;当 V_- 高于 V_+ 时,输出端对地电压为 0V。

在运算放大器输入电流为零的条件下可以得到

$$v_o = -R_F(I_3 + I_2 + I_1 + I_0) \tag{8.1}$$

由于 V_- 约等于 0,因而各支路电流分别为

$$I_3 = \frac{V_{REF}}{R}d_3 \tag{8.2}$$

$$I_2 = \frac{V_{REF}}{2R}d_2 \tag{8.3}$$

$$I_1 = \frac{V_{REF}}{2^2 R}d_1 \tag{8.4}$$

$$I_3 = \frac{V_{\text{REF}}}{2^3 R} d_0 \tag{8.5}$$

联合上式并取 $R_F = R/2$，则得到

$$v_o = -\frac{V_{\text{REF}}}{2^4}(d_3 2^3 + d_2 2^2 + d_1 2^1 + d_0 2^0) = -\frac{V_{\text{REF}}}{2^n} D_n \tag{8.6}$$

上式表明，输出的模拟电压正比于输入的数字量 D_n，从而实现了从数字量到模拟量的转换。

从上式中还可以看到，在 V_{REF} 为正电压时，输出电压 v_o 始终为负值。要想得到正的输出电压，可以将 V_{REF} 取负值。

这个电路的优点是结构比较简单，所用的电阻元件数很少。它的缺点是各个电阻的电阻值相差较大，尤其在输入信号的位数较多时，这个问题就更加突出。例如当输入信号增加到 8 位时，如果取权电阻网络中最小的电阻 $R = 10\text{k}\Omega$，那么最大的电阻值将达到 $2^7 R = 1.28\text{M}\Omega$，后者是前者的 128 倍之多。要想在极为宽广的电阻值范围内保证每个电阻都有很高的精度是十分困难的，尤其对制作集成电路更加不利。

为了克服这个缺点，在输入数字量的位数较多时可以采用图 8.4 所示的双极权电阻网络 D/A 转换器。在双极权电阻网络中，每一极仍然只有 4 个电阻，它们之间的电阻值之比还是 1∶2∶4∶8。可以证明，只要取两极间的串联电阻 $R_S = 8R$，即可得到

$$v_o = -\frac{V_{\text{REF}}}{2^8}(d_7 2^7 + d_6 2^6 + d_5 2^5 + \cdots + d_1 2^1 + d_0 2^0) = -\frac{V_{\text{REF}}}{2^8} D_n \tag{8.7}$$

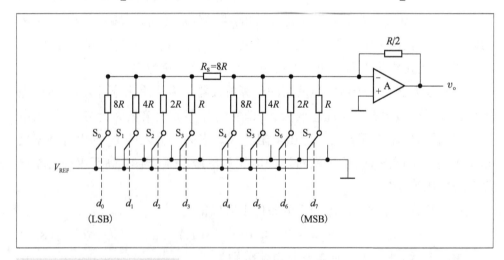

图 8.4　双极权电阻网络 D/A 转换器

二、倒 T 型电阻网络 D/A 转换器

为了克服权电阻网络 D/A 转换器中电阻值相差太大的缺点，又研制出了如图 8.5 所示的倒 T 型电阻网络 D/A 转换器。由图可见，电阻网络中只有 R、$2R$ 两种电阻值的电阻，这就给集成电路的设计和制作带来了很大的方便。

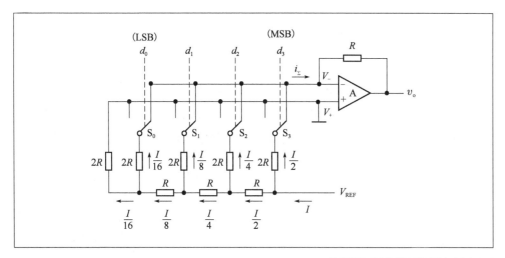

图 8.5 倒 T 型电阻网络 D/A 转换器

由图 8.5 可知,因为求和放大器反相输入端 V_- 的电势始终接近于零,所以无论开关 S_3、S_2、S_1、S_0 合到哪一边,都相当于接到了"地"电势上,流过每个支路的电流也始终不变。在计算到 T 型电阻网络中各支路的电流时,可以将电阻网络等效地画成图 8.6 所示的形式。(但应注意,V_- 并没有接地,只是电势与"地"相等,因此又将 V_- 端称为"虚地"点。)不难看出,从 AA、BB、CC、DD 每个端口向左看过去的等效电阻都是 R,因此从参考电源流入倒 T 型电阻网络的总电流为 $I = V_{REF}/R$,而每个支路的电流依次为 $I/2$、$I/4$、$I/8$ 和 $I/16$。

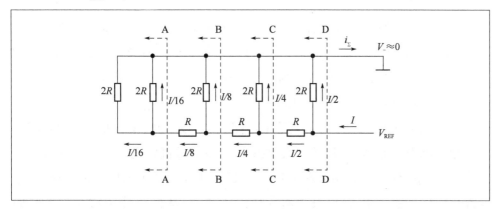

图 8.6 计算倒 T 型电阻网络支路电流的等效电路

如果令 $d_i = 0$ 时开关 S_i 接地(接放大器的 V_+),而 $d_i = 1$ 的 S_i 接至放大器的输入端 V_-,则由图 8.6 可知

$$i_\Sigma = \frac{I}{2}d_3 + \frac{I}{4}d_2 + \frac{I}{8}d_1 + \frac{I}{16}d_0 \tag{8.8}$$

在求和放大器的反馈电阻值等于 R 的条件下,输出电压为

$$v_o = -Ri_\Sigma = -\frac{V_{REF}}{2^4}(d_3 2^3 + d_2 2^2 + d_1 2^1 + d_0 2^0) \tag{8.9}$$

对于 n 位输入的倒 T 型电阻网络 D/A 转换器,在求和放大器的反馈电阻值为 R 的条件下,输出模拟电压的计算公式为

$$v_o = -\frac{V_{REF}}{2^n}(d_n 2^n + d_{n-1} 2^{n-1} + d_{n-2} 2^{n-2} + \cdots + d_1 2^1 + d_0 2^0) = -\frac{V_{REF}}{2^n} D_n$$

(8.10)

上式说明输出的模拟电压与输入的数字量成正比。

图 8.7 是采用倒 T 型电阻网络的单片集成 D/A 转换器 CB7520(AD7520)的电路原理图。它的输入为 10 位二进制数,采用 CMOS 电路构成的模拟开关。

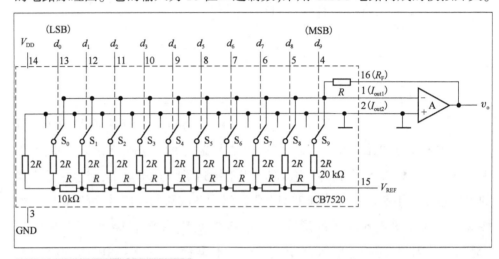

图 8.7 CB7520(AD7520)的电路原理图

三、权电流型网络 D/A 转换器

在前面分析权电阻网络 D/A 转换器和倒 T 型电阻网络 D/A 转换器的过程中,都把模拟开关当作理想开关处理,没有考虑它们的导通电阻和导通压降。而实际上这些开关总有一定的导通电阻和导通压降,而且每个开关的情况又不完全相同。它们的存在无疑将引起转换误差,影响转换精度。

解决这个问题的一种方法就是采用图 8.8 所示的权电流型 D/A 转换器。在权电流型 D/A 转换器中,有一组恒流源。每个恒流源电流的大小依次为前一个的 1/2,与输入二进制数对应位的"权"成正比。由于采用了恒流源,每个支路电流的大小不再受开关内阻和压降的影响,从而降低了对开关电路的要求。

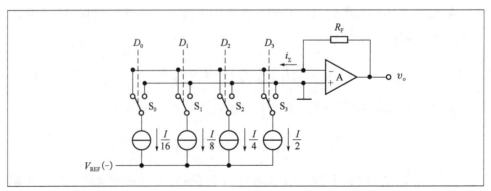

图 8.8 权电流型 D/A 转换器

恒流源电路经常使用图8.9所示的电路结构形式。

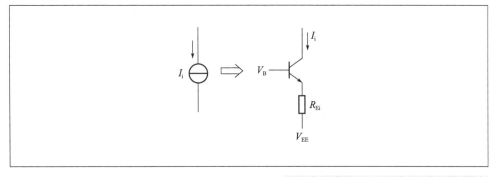

图8.9 权电流型D/A转换器中的恒流源电路

只要在电路工作时保证V_B和V_{EE}稳定不变,则三极管的集电极电流即可保持恒定,不受开关内阻的影响。电流的大小近似为:

$$I_i \approx \frac{V_B - V_{EE} - V_{BE}}{R_{Ei}} \tag{8.11}$$

当输入数字量的某位代码为1时,对应的开关将恒流源接至运算放大器的输入端;当输入代码为0时,对应的开关接地,故输出电压为

$$v_o = i_\Sigma R_F = R_F \left(\frac{I}{2}d_3 + \frac{I}{4}d_2 + \frac{I}{8}d_1 + \frac{I}{16}d_0 \right) \tag{8.12}$$

可见,v_o正比于输入的数字量。

理论学习8.1.2 D/A转换器的转换精度与转换速度

一、D/A转换器的转换精度

在D/A转换器中通常用分辨率和转换误差来描述转换精度。分辨率用输入二进制数码的位数给出。在分辨率为n位的D/A转换器中,从输出模拟电压的大小能分辨输入代码从00…00到11…11全部2^n个不同的状态。因此,分辨率表示D/A转换器在理论上可以达到的精度。

另外,也可以用D/A转换器能够分辨出来的最小电压(此时输入的数字代码只有最低有效位为1,其余各位都是0)与最大输出电压(此时输入数字代码所有各位全是1)之比给出分辨率。例如,10位D/A转换器的分辨率可以表示为

$$\frac{1}{2^{10}-1} = \frac{1}{1023} \approx 0.001 \tag{8.13}$$

然而,由于D/A转换器的各个环节在参数和性能上和理论值之间不可避免地存在着差异,所以实际能达到的转换精度要由转换误差来决定。由各种因素引起的转换误差是一个综合性指标。转换误差表示实际的D/A转换特性和理想转换特性之间的最大偏差。如图8.10所示,图中的虚线表示理想的D/A转换特性,它是连接坐标原点和满量程输出(输入为全1时)理论值的一条直

线。图中的实线表示实际可能的 D/A 转换特性。转换误差一般用最低有效位的倍数表示。例如,给出转换误差为 1/2LSB,就表示输出模拟电压与理论值之间的绝对误差小于或等于当输入为 00…01 时的输出电压的一半。

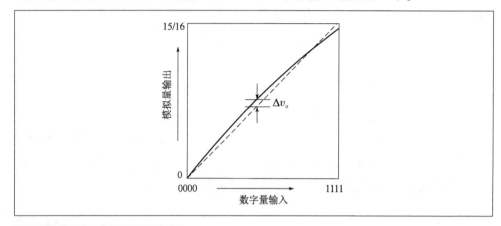

图 8.10　D/A 转换器的转换特性曲线

此外,有时也用输出电压满刻度 ESR 的百分数表示输出电压误差绝对值的大小。

造成 D/A 转换器转换误差的原因有参考电压 V_{REF} 的波动、运算放大器的零点漂移、模拟开关的导通内阻和导通压降、电阻网络中电阻值的偏差以及三极管特性的不一致等。

二、D/A 转换器的转换速度

通常用建立时间 t_{set} 来定量描述 D/A 转换器的转换速度。

从输入的数字量发生突变开始,直到输出电压与稳态值相差 ±1LSB 范围以内的这一段时间,称为建立时间 t_{set},如图 8.11 所示。输入数字量的变化越大,建立时间越长。一般产品说明书给出的都是输入从全 0 跳变为全 1(或从全 1 跳变为全 0)时的建立时间。目前在不包含运算放大器的单片集成 D/A 转换器中,建立时间最短的可小于 0.1μs。在包含运算放大器的集成 D/A 转换器中,建立时间最短的在 1.5μs 以内。

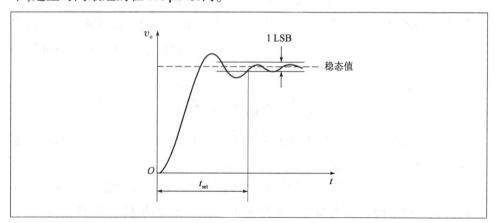

图 8.11　D/A 转换器的建立时间

在外加运算放大器组成完整的 D/A 转换器时,如果采用普通的运算放大器,则运算放大器的工作速度将成为 D/A 转换器建立时间 t_{set} 的主要影响因素。因此,为了获得较快的转换速度,应该选用转换速率(即输出电压的变化速度)较快的运算放大器,以缩短运算放大器的建立时间。

理论学习 8.1.3 8 位数模转换器 DAC0832

集成 DAC 种类繁多,根据转换位数的不同,有 4 位、8 位、16 位等,根据输出方式的不同,有电流输出型和电压输出型等。下面介绍常用的 CMOS 单片电流输出型 8 位数模转换器 DAC0832,该元器件的核心部分采用倒 T 型电阻网络的 8 位 D/A 转换器,如图 8.12 所示。它是由倒 T 型 R-2R 电阻网络、模拟开关、运算放大器和参考电压 U_{ref} 四部分组成。

DAC0832 是一个 8 位 D/A 转换器芯片,单电源供电,从 5~15V 均可正常工作,基准电压的范围为 +10V,它由 1 个 8 位输入寄存器、1 个 8 位 DAC 寄存器和 1 个 8 位 D/A 转换器组成,引脚排列如图 8.12a)所示。

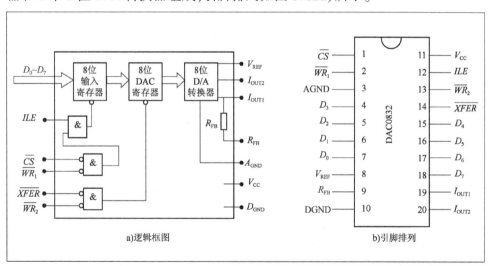

图 8.12 DAC0832 逻辑框图和引脚排列

该 D/A 转换器为 20 引脚双列直插式封装,各引脚含义如下:

(1) $D_0 \sim D_7$:转换数据输入。

(2) $\overline{CS}$:片选信号(输入),低电平有效。

(3) ILE:数据锁存允许信号(输入),高电平有效。

(4) $\overline{WR_1}$:第一信号(输入),低电平有效。该信号与 ILE 信号共同控制输入寄存器是数据直通方式还是数据锁存方式:当 $ILE=1$ 和 $\overline{XFER}=0$ 时,为输入寄存器直通方式;当 $ILE=1$ 和 $\overline{WR_1}=1$ 时,为输入寄存器锁存方式。

(5) $\overline{WR_2}$:第二写信号(输入),低电平有效。该信号与信号合在一起控制 DAC 寄存器是数据直通方式还是数据锁存方式:当 $\overline{WR_2}=0$ 和 $\overline{XFER}=0$ 时,为 DAC 寄存器直通方式;当 $\overline{WR_2}=1$ 和 $\overline{XFER}=0$ 时,为 DAC 寄存器锁存方式。

(6)$\overline{XFER}$:数据传送控制信号(输入),低电平有效。

(7)I_{OUT1}:电流输出"1"。当数据为全"1"时,输出电流最大;当数据为全"0"时,输出电流最小。

(8)I_{OUT2}:电流输出"2"。DAC转换器的特性之一是:$I_{OUT1}+I_{OUT2}=$常数。

(9)R_{FB}:反馈电阻端,即运算放大器的反馈电阻端,电阻(15kΩ)已固化在芯片中。因为DAC0832是电流输出型D/A转换器,为得到电压的转换输出,使用时需在两个电流输出端接运算放大器,R_{FB}即为运算放大器的反馈电阻。

(10)V_{REF}:基准电压,是外加高精度电压源,与芯片内的电阻网络相连接。该电压可正可负,范围为-10V~+10V。

(11)DGND:数字地。

(12)AGND:模拟地。

DAC0832输出的是电流,一般要求输出的是电压,所以还必须经过一个外接的运算放大器,将电流转换成电压。

任务实训 D/A转换电路的制作与应用

班级：_____ 姓名：_____ 学号：_____ 成绩：_____

一、任务描述

学生分为若干组，每组提供实验用电路板，焊接电路设备，5V 直流电源一台，15V 直流电源一台，电阻、DAC0832 和 μA741 芯片各一个，电压表一个。完成以下工作任务：

(1) 连接 D/A 转换电路；
(2) 观察并思考 D/A 转换电路的输入量和输出量的关系；
(3) 设置 D/A 转换电路的输出范围，测算 D/A 转换电路的分辨率；
(4) 观察 D/A 转换器的工作情况。

任务 8.1 任务实训

二、任务实施

任务 1：连接 D/A 转换电路

用实验电路板构建如图 8.13 所示的电压输出型 D/A 转换电路，输出模拟电压用电压表进行测量。注：D/A 转换电路的满度输出电压是指，当输入数字量 $D_0 \sim D_7$ 全部为"1"时，D/A 转换器的输出电压值。满度输出电压决定了 D/A 转换器的输出范围。

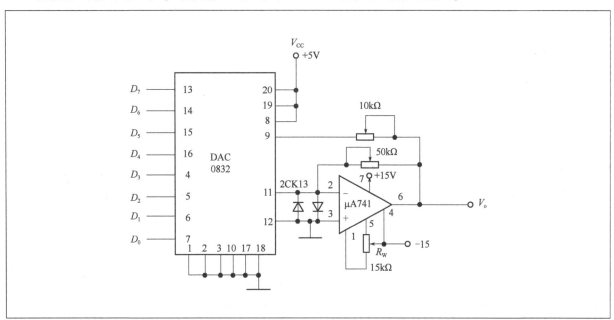

图 8.13 DAC0832 与运算放大器连接电路

任务 2：观察并思考 D/A 转换电路的输入量与输出量的关系

通过改变 $D_0 \sim D_7$ 的输入高低电压，改变对应数字量 $D_0 \sim D_7$，用电压表记录 V_0 的输出电压值，将 D/A 转换结果记录在表 8.1。

表 8.1 V_o 电压值输出结果表

仿真实验数据 $V_{REF}(+) = +5V$								输出
D_7	D_6	D_5	D_4	D_3	D_2	D_1	D_0	V_o

任务3：设置 D/A 转换电路的输出范围，测算 D/A 转换电路的分辨率

根据表 8.1 的测试数据，分析下面的问题。

该 D/A 转换电路的满度输出电压是多少？D/A 转换器输出的模拟电压与输入数码是否成正比？它的分辨率是多少？

三、任务评价

根据任务完成情况，完成任务表 8.2 任务评价单的填写。

表 8.2 任务评价单

【自我评价】
总结与反思：
实训人签字：
【小组互评】
该成员表现：
组长签字：
【教师评价】
该成员表现：
教师签字：

【实训注意事项】

(1) 注意 DAC0832 和 μA741 供电电压，避免烧毁芯片。

(2) $D_0 \sim D_7$ 输入值为"1"时，电压值不要超过 5V。

任务8.2 A/D转换电路的制作与应用

知识目标

1. 掌握A/D转换器的基本原理；
2. 掌握A/D转换器的分类；
3. 掌握A/D转换器的转换精度和转换速度。

能力目标

1. 具备识别A/D转换器类型的能力；
2. 具备绘制简单的A/D转换器电路并行仿真的能力。

素养目标

通过A/D转换电路的制作与应用实训,培养爱岗敬业、勤勉好学的职业素养和学习态度。

看一看

应用测温仪(图8.14)测温,请思考为什么测温仪能够显示温度的数值？

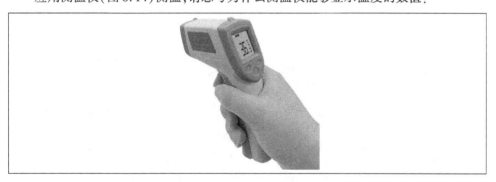

图8.14 测温仪显示温度数值

学一学

什么是模数转换呢？模数转换电路是怎样构成的呢？它又是怎样工作的呢？让我们进入以下学习单元吧！

模数转换器

理论学习8.2.1 A/D转换器的基本原理

在A/D转换器中,因为输入的模拟信号在时间上是连续的而输出的数字信号是离散的,所以转换只能在一系列选定的瞬间对输入的模拟信号中取样,然后将这些取样值转换成输出的数字量。

因此,A/D 转换的过程是首先对输入的模拟电压信号取样,取样结束后进入保持时间,在这段时间内将取样的电压量化为数字量,并按一定的编码形式给出转换结果,再开始下一次取样。

一、取样定理

要想正确无误地用取样信号 v_s 表示模拟信号 v_I,取样信号必须有足够高的频率。为了保证能从取样信号中将原来的被取样信号恢复,必须满足

$$f_s \geqslant 2f_{i(\max)}$$

式中,f_s 为取样频率,$f_{i(\max)}$ 为最高频率分量的频率,满足取样定理才可保证模拟信号 v_I 的全部信息被完成取出。

二、量化和编码

数字信号在时间上离散,数值大小的变化也不连续,这表明任何一个数字量的大小只能是某个规定的最小计量单位的整数倍。在进行 A/D 转换时,必须将取样电压表示为这个最小单位的整数倍,这个过程称为量化,所取的最小数量单位称为量化单位,用 Δ 表示。

将量化的结果用代码(可以是二进制,也可以是其他进制)表示出来,称为编码。这些代码就是 A/D 转换的输出结果。

既然模拟电压是连续的,那么它就不一定能被 Δ 整除,因而量化过程不可避免地会引入误差,这种误差称为量化误差。将模拟电压信号划分为不同的量化等级时通常有图 8.15 所示的两种划分方法,它们的量化误差相差较大。

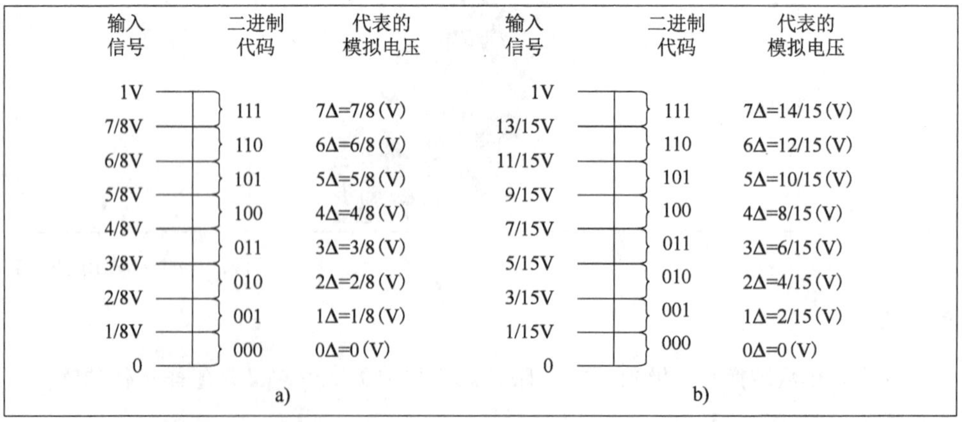

图 8.15 划分量化电平的两种方法

三、取样-保持电路

取样-保持电路的基本形式如图 8.16 所示。图中 T 为 N 沟道增强型 MOS 管,供模拟开关使用。当取样控制信号 v_L 为高电平时 T 导通,输入信号经电阻

R_1 和 T 向电容 C_H 充电。若取 $R_1 = R_F$ 并忽略运算放大器的输入电流,则充电结束后 $v_O = v_C = -v_I$。这里 v_C 为电容 C_H 上的电压。

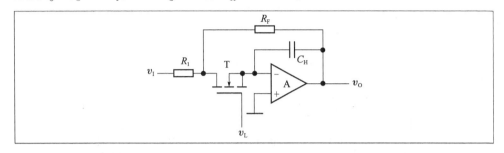

图 8.16 取样-保持电路的基本形式

当 v_L 返回低电平以后,MOS 管 T 截止。由于 C_H 上的电压在一段时间内基本保持不变,所以 v_O 也保持不变,取样结果被保存下来。C_H 的漏电越小,运算放大器的输入阻抗越高,v_O 保持的时间也越长。

理论学习 8.2.2　A/D 转换器的类型

一、并联型 A/D 转换器

并联比较型 A/D 转换器属于直接 A/D 转换器,它能将输入的模拟电压直接转换为输出的数字量而不需要经过中间变量。

图 8.17 为并联比较型 A/D 转换器电路结构图,它由电压比较器、寄存器和代码转换电路三部分组成。输入为 $0 \sim V_{REF}$ 间的模拟电压,输出为 3 位二进制数码 $d_2 d_1 d_0$。这里略去了取样-保持电路,假定输入的模拟电压 v_I 已经是取样—保持电路的输出电压了。

电压比较器中量化电平的划分采用图 8.17 所示的方式,用电阻链将参考电压 V_{REF} 分压,得到从 $1/15 V_{REF}$ 到 $13/15 V_{REF}$ 之间 7 个比较电平,量化单位为 $\Delta = 2/15 V_{REF}$。然后,将这 7 个比较电平分别接到 7 个电压比较器 $C_1 \sim C_7$ 的输入端,作为比较基准。同时,将输入的模拟电压同时加到每个比较器的另一个输入端上,与这 7 个比较基准进行比较。

若 $v_I < 1/15 V_{REF}$,则所有比较器的输出全是低电平,CLK 上升沿到来后寄存器中所有的触发器($FF_1 \sim FF_7$)都被置成 0 状态。

若 $\dfrac{1}{15} V_{REF} \leqslant v_I < \dfrac{3}{15} V_{REF}$,则只有 C_1 输出为高电平,CLK 上升沿到达后 FF_1 被置 1,其余触发器被置 0。

依此类推,便可列出 O 为不同电压时寄存器的状态,如表 8.3 所示。不过寄存器输出的是一组 7 位的二值代码,还不是所要求的二进制数,因此必须进行代码转换。

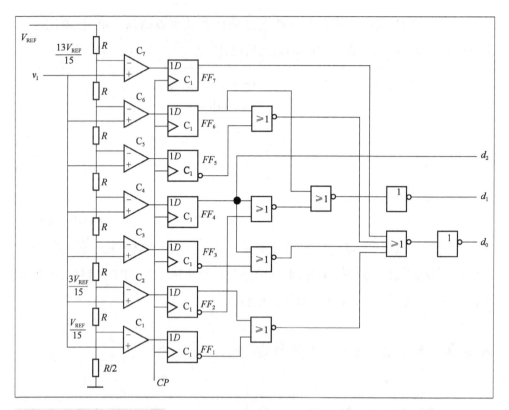

图 8.17 并联比较型 A/D 转换器

表 8.3 代码转换表

输入模拟电压	寄存器状态							数字量输出		
	Q_7	Q_6	Q_5	Q_4	Q_3	Q_2	Q_1	d_2	d_1	d_0
$\left(0 \sim \dfrac{1}{15}\right)V_{REF}$	0	0	0	0	0	0	0	0	0	0
$\left(\dfrac{1}{15} \sim \dfrac{3}{15}\right)V_{REF}$	0	0	0	0	0	0	1	0	0	1
$\left(\dfrac{3}{15} \sim \dfrac{5}{15}\right)V_{REF}$	0	0	0	0	0	1	1	0	1	0
$\left(\dfrac{5}{15} \sim \dfrac{7}{15}\right)V_{REF}$	0	0	0	0	1	1	1	0	1	1
$\left(\dfrac{7}{15} \sim \dfrac{9}{15}\right)V_{REF}$	0	0	0	1	1	1	1	1	0	0
$\left(\dfrac{9}{15} \sim \dfrac{11}{15}\right)V_{REF}$	0	0	1	1	1	1	1	1	0	1
$\left(\dfrac{11}{15} \sim \dfrac{13}{15}\right)V_{REF}$	0	1	1	1	1	1	1	1	1	0
$\left(\dfrac{13}{15} \sim 1\right)V_{REF}$	1	1	1	1	1	1	1	1	1	1

并联比较型 A/D 转换器的转换精度主要取决于量化电平的划分,分得越细,精度越高。但是分得越细,使用的比较器和触发器数目越大,电路更加复杂。此外,转换精度还受参考电压的稳定度和分压电阻相对精度以及电压比较器灵敏度的影响。

这种 A/D 转换器的最大优点是转换速度快。

二、反馈比较型 A/D 转换器

反馈比较型 A/D 转换器也是一种直接 A/D 转换器。它的构思是这样的:取一个数字量加到 D/A 转换器上,于是得到一个对应的输出模拟电压。将这个模拟电压和输入的模拟电压信号相比较,如果两者不相等,则调整所取的数字量,直到两个模拟电压相等为止,最后所取的这个数字量就是所求的转换结果。

在反馈比较型 A/D 转换器中经常采用的有计数型和逐次渐进型两种方案。

图 8.18 是计数型 A/D 转换器的原理框图。转换电路由比较器 C、D/A 转换器、计数器、脉冲源、控制门 G 以及输出寄存器等几部分组成。

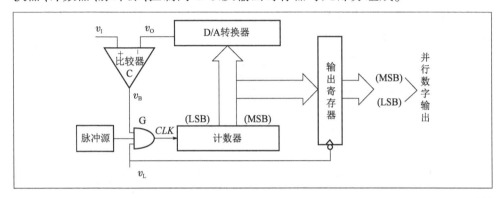

图 8.18　计数型 A/D 转换器原理框图

转换开始前先用复位信号将计数器置零,而且转换控制信号应停留在 $v_L = 0$ 的状态。这时门 G 被封锁,计数器不工作。计数器加给 D/A 转换器的是全 0 数字信号,所以 D/A 转换器输出的模拟电压为 $v_O = 0V$。如果 v_I 为正电压信号,则 $v_I > v_O$,比较器的输出电压为 $v_B = 1V$。

当 v_L 变成高电平时开始转换,脉冲源发出的脉冲经过门 G 加到计数器的时钟信号输入端 CLK,计数器开始做加法计数。随着计数的进行,D/A 转换器输出的模拟电压 v_O 也不断增加。当 v_O 增至 $v_O = v_I$ 时,比较器的输出电压变成 $v_B = 0V$,将门 G 封锁,计数器停止计数。这时计数器中所存的数字就是所求的输出数字信号。

因为在转换过程中计数器中的数字不停地在变化,所以不宜将计数器的状态直接作为输出信号。为此,在输出端设置了输出寄存器。在每次转换完成以后,用转换控制信号 v_L 的下降沿将计数器输出的数字置入输出寄存器中,而以寄存器的状态作为最终的输出信号。

这种方案明显的缺点是转换时间太长。当输出为 n 位二进制数码时,最长的转换时间可达 $2^n - 1$ 倍的时钟信号周期。因此,这种方法只能用在对转换速度要求不高的场合。然而由于它的电路非常简单,所以在对转换速度没有严格要求时仍是一种可取的方案。

为了提高转换速度,在计数型 A/D 转换器的基础上又产生了逐次渐进型 A/D 转换器。虽然它也是反馈比较型的 A/D 转换器,但是在 D/A 转换器部分输入数字量的给出方式有所改变。

逐次渐进型 A/D 转换器的工作原理可以用图 8.19 所示的框图来说明。这种转换器的电路包含比较器 C、D/A 转换器、逐次渐近寄存器、时钟脉冲源和控制逻辑等 5 个组成部分。

转换开始前先将寄存器清零,所以加给 D/A 转换器的数字量也是全 0。转

换控制信号 v_L 变为高电平时开始转换,时钟信号首先将寄存器的最高位置转换成 1,使寄存器的输出为 $100\cdots00$。这个数字量被 D/A 转换器转换成相应的模拟电压 v_O,并送到比较器与输入信号 v_I 进行比较。如果 $v_O > v_I$,则说明数字过大了,则这个 1 应去掉;如果 $v_O < v_I$,则说明数字还不够大,这个 1 应予保留。然后,再按同样的方法将次高位置 1,并比较 v_I 与 v_O 的大小以确定这一位的 1 是否应当保留。这样逐位比较下去,直到最低位比较完为止。这时寄存器里所存的数码就是所求的输出数字量。

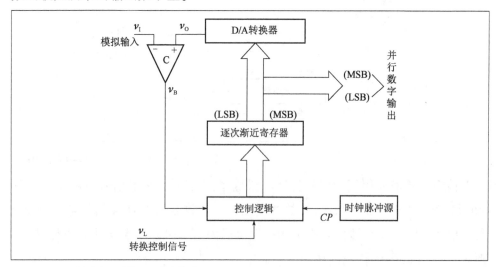

图 8.19　逐次渐进型 A/D 转换器结构框图

理论学习 8.2.3　A/D 转换器的转换精度与转换速度

一、A/D 转换器的转换精度

在单片集成的 A/D 转换器中也采用分辨率(又称分解度)和转换误差来描述转换精度。

分辨率以输出二进制数或十进制数的位数表示,它说明 A/D 转换器对输入信号的分辨能力。从理论上讲,n 位二进制数字输出的 A/D 转换器应能区分输入模拟电压的 2^n 个不同等级大小,能区分输入电压的最小差异为 $\frac{1}{2^n}FSR$ $\left(\text{满量程输入的}\frac{1}{2^n}\right)$,所以分辨率所表示的是 A/D 转换器在理论上能达到的精度。例如 A/D 转换器的输出为 10 位二进制数,最大输入信号为 5V,那么这个转换器的输出应能区分出输入信号的最小差异为 $5V/2^{10} = 4.88mV$。

转换误差通常以输出误差最大值的形式给出,它表示实际输出的数字量和理论上应有的输出数字量之间的差别,一般多以最低有效位的倍数给出。例如给出转换误差 $< \pm 1/2 LSB$,这就表明实际输出的数字量和理论上应得到的输出数字量之间的误差小于最低有效位的半个字。

二、A/D 转换器的转换速度

A/D 转换器的转换速度主要取决于转换电路的类型,不同类型 A/D 转换器的转换速度相差甚为悬殊。

并联比较型 A/D 转换器的转换速度最快。例如,8 位二进制输出的单片集成 A/D 转换器转换时间可以缩短至 50ns 以内。

逐次渐进型 A/D 转换器的转换速度次之。多数产品的转换时间在 10~100μs 之间。个别速度较快的 8 位 A/D 转换器转换时间可以不超过 1μs。

此外,在组成高速 A/D 转换器时还应将取样-保持电路的获取时间(即取样信号稳定地建立起来所需要的时间)计入转换时间之内。一般单片集成取样-保持电路的获取时间在几微秒的数量级,与所选定的保持电容的电容量大小很有关系。

理论学习 8.2.4　8 位 A/D 转换器 ADC0809

与集成 D/A 转换器一样,集成 A/D 转换器种类也较多。这里仅以 8 位 A/D 转换器 ADC0809 为例进行说明。

ADC0809 的内部逻辑结构如图 8.20 所示,图 8.21 为 ADC0809 引脚图。它主要由三部分组成。第一部分:模拟输入选择部分,包括一个 8 路模拟开关、一个地址锁存与译码器。输入的 3 位通道地址信号由锁存器锁存,经译码电路后控制模拟开关选择相应的模拟输入。第二部分:转换器部分,主要包括比较器、8 位 A/D 转换器、逐次逼近寄存器 SAR、电阻网络以及控制逻辑电路等。第三部分:输出部分,包括一个 8 位三态输出缓冲器,其可直接与 CPU 数据总线接口。

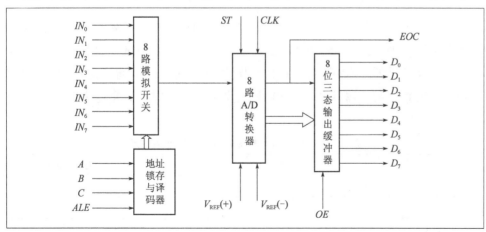

图 8.20　ADC0809 内部逻辑结构图

ADC0809 是一个逐次逼近型的 A/D 转换器,外部供给基准电压,分辨率为 8 位,带有三态输出锁存器,转换结束时,可读出 8 位的转换结果;有 8 个模拟量的输入端,可引入 8 路待转换的模拟量。内部的三态输出锁存器由 *OE* 控制,当 *OE* 为高电平时,三态输出锁存器打开,将转换结果送出;当 *OE* 为低电平时,三态输出锁存器处于阻断状态,内部数据对外部数据的总线没有影响。因此,在实际应用中,如果转换结束,要读取转换结果,则只要在 OE 引脚上加一个正脉冲,ADC0809 就会将转换结果送到数据总线上。

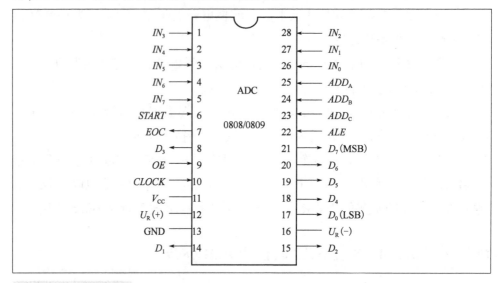

图 8.21　ADC0809 引脚图

$IN_0 \sim IN_7$ 是 8 路模拟信号输入端;C、B、A 是地址输入端,C 是最高位;ALE 是地址锁存允许信号输入端,上升沿有效,在此脚高电平时锁存地址码,从而选通相应的模拟信号通道,以便进行 A/D 转换;$START$ 是启动信号的输入端,应在此脚施加正脉冲,当上升沿到达时,内部逐次逼近寄存器复位,在下降沿到达后,开始 A/D 转换过程;EOC 为转换结束输出信号(转换结束标志)的输出端,高电平有效;OE 是输入允许信号端,高电平有效;$CLOCK$ 是时钟信号的输入端,外接时钟频率一般为 640kHz;$U_{R(+)}$、$U_{R(-)}$ 分别是基准电压的正、负极端,一般 $U_{R(+)}$ 接 +5V 电源,$U_{R(-)}$ 接地,$D_0 \sim D_7$ 是数字信号输出端。

8 路模拟开关可选通 8 个模拟通道,允许 8 路模拟量分时输入,共用一个 A/D 转换器进行转换,这是一种经济的多路数据采集方法。地址锁存与译码电路完成对 A、B、C 3 个地址位进行锁存和译码,其译码输出用于通道选择,其转换结果通过三态输出锁存器存放、输出,地址译码与模拟输入通道的选通关系见表 8.4。

表 8.4　地址译码与模拟输入通道的选通关系

C	B	A	选择的通道
0	0	0	IN_0
0	0	1	IN_1
0	1	0	IN_2
0	1	1	IN_3
1	0	0	IN_4
1	0	1	IN_5
1	1	0	IN_6
1	1	1	IN_7

任务实训 A/D转换电路的制作与应用

班级：_____ 姓名：_____ 学号：_____ 成绩：_____

一、任务描述

学生分为若干组,每组提供实验用电路板,焊接电路设备,5V 直流电源一台、2.5V 直流电源一台、240Ω 电阻八个、函数信号发生器一台、ADC0809 和发光二极管八个、电压表一个。完成以下工作任务：

(1)连接图 8.22 所示电路；
(2)改变输入的模拟信号,通过观察发光二极管亮度变化,掌握 A/D 转换器的工作情况；
(3)理解 A/D 转换电路的输入量和输出量的关系。

二、任务实施

(1)搭接如图 8.22 所示的电压输入型 A/D 转换电路,输入端由电压模拟量输入；输出数字量用 LED 进行显示。

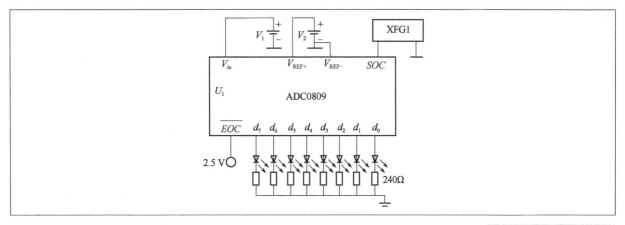

图 8.22 模数转换器电路图

(2)设置满度输入电压 V_{REF+},使 $V_{REF+}=5V$；调节输入电压的变化范围为 0~5V。
(3)先将 XFG1 不工作,进行 V_1 输入电压的变化,查看 LED 灯的变化。
(4)XFG1 开始发出脉冲信号后,A/D 转换器开始转换,LED 应有相应的输出指示；在表 8.5 中记录与输入模拟电压相对应的 A/D 转换数字输出。
(5)通过改变 $V_1(V_{in})$ 的电压值,观察二极管发光情况,记录与输入模拟电压相对应的 A/D 转换数字输出,并将转换结果填写在表 8.5。
(6)根据测试结果进行分析。

A/D 转换器的满刻度输入电压为多少？数字输出的大小与模拟输入电压的大小成比例吗？

表 8.5 $V_1(V_{in})$电压值对应输出结果表

模拟输入	仿真实验数据 $V_{REF+} = +5V$							
V_{in}	d_7	d_6	d_5	d_4	d_3	d_2	d_1	d_0

三、任务评价

根据任务完成情况,完成任务表 8.6 任务评价单的填写。

表 8.6 任务评价单

【自我评价】 总结与反思：   实训人签字：
【小组互评】 该成员表现：   组长签字：
【教师评价】 该成员表现：   教师签字：

【实训注意事项】

(1)注意 ADC0809 供电电压,避免烧毁芯片。

(2)搭接好电路后先查线,后充电。

应知应会要点归纳

现将各部分归纳如下。

D/A转换电路的制作与应用	目前常见的 D/A 转换器有权电阻网络 D/A 转换器、倒 T 型电阻网络 D/A 转换器、权电流型网络 D/A 转换器等几种类型。 在 D/A 转换器中通常用分辨率和转换误差来描述转换精度。分辨率用输入二进制数码的位数给出。在分辨率为 n 位的 D/A 转换器中,从输出模拟电压的大小能区分出输入代码从 00…00 到 11…11 全部 2^n 个不同的状态,给出 2^n 个不同等级的输出电压。 通常用建立时间 t_{set} 来定量描述 D/A 转换器的转换速度。 建立时间 t_{set} 定义:从输入的数字量发生突变开始,直到输出电压进入与稳态值相差 ±LSB 范围以内的这段时间,称为建立时间 t_{set}。输入数字量的变化越大,建立时间越长。一般产品说明中给出的都是输入从全 0 跳变为全 1(或从全 1 跳变为全 0)时的建立时间
A/D转换电路的制作与应用	用取样信号 v_s 表示模拟信号 v_I,取样信号必须有足够高的频率。为了保证能从取样信号将原来的被取样信号恢复,必须满足 $$f_s \geq 2f_{i(max)}$$ 其中 f_s 为取样频率,$f_{i(max)}$ 为最高频率分量的频率。 数字信号在时间上离散,其数值大小的变化也不连续。任何一个数字量的大小只能是某个规定的最小数量单位的整数倍。在进行 A/D 转换时,必须将取样电压表示为这个最小单位的整数倍。所取的最小数量单位称为量化单位,用 Δ 表示。显然,数字信号最低有效位(LSB)的 1 所代表的数量大小就等于 Δ。 编码就是将量化的结果用代码(可以是二进制,也可以是其他进制)表示出来。这些代码就是 A/D 转换的输出结果。 并联比较型 A/D 转换器属于直接 A/D 转换器,它能将输入的模拟电压直接转换为输出的数字量。 反馈比较型 A/D 转换器也是一种直接 A/D 转换器。一个数字量加到 D/A 转换器上,得到一个对应的输出模拟电压。将这个模拟电压和输入的模拟电压信号相比较,两者不相等时,调整所取的数字量,直到两个模拟电压相等为止,最后所取的数字量就是所求的转换结果。 集成的 A/D 转换器中采用分辨率(又称分解度)和转换误差来描述转换精度。分辨率以输出二进制数或十进制数的位数表示。 不同类型 A/D 转换器的转换速度相差悬殊。并联比较型 A/D 转换器的转换速度最快

知识拓展

ADC 和 DAC 产业的特点及发展趋势。

(1) ADC(Analog to digital converter) 和 DAC(Digital to analog converter)为模数转换芯片,本质上是信号链芯片中的一种。ADC 用于将真实世界产生的模拟信号(如温度、压力、声音、指纹或者图像等)转换成更容易处理的数字形式。DAC 的作用恰恰相反,它将数字信号调制成模拟信号;其中 ADC 在两者的总需求中占比接近 80%。

(2) 模数转换器(ADC)是指将连续变换的模拟信号转换为离散的数字信号的器件,主要是将温度、声音、压力等转换成为更易于储存、处理和发射的数字形式。模数转换器主要应用在电子产品中,应用范围较广,行业发展前景较好。模数转换器经历了几十年的发展,产品不断革新,目前种类多样,常见的有逼近型、积分型、分级型、流水线型、脉动型、Σ-Δ 型 ADC 等多个种类,其中逼近型、积分型、压频变换型等主要被应用在对于速度和精度要求相对较低的智能仪器中。分级型和流水线型主要应用在高速数据采集和通信技术领域。脉动型和折叠型可应用在广播卫星。Σ-Δ 型 ADC 应用在高精度数据采集的多媒体、地震勘探仪器、数字音响等领域。

(3) 根据新思界产业研究中心发布的《2021—2025 年模数转换器(ADC)行业深度市场调研及投资策略建议报告》显示,模数转换器由于种类多样,应用较为广泛,主要应用在通信领域,占比高达 40%,其次是汽车领域(占比约为 25%)、工业控制领域(占比为 20%)、消费电子领域(占比为 11%),剩余领域如计算机、国防军工等市场占比相对较小。受终端产业快速发展,尤其是 5G 技术的成熟、IoT 等产业的驱动,模数转换器市场需求持续攀升,在 2019 年全球模数转换器芯片市场规模已经达到 38 亿美元,预计到 2023 年全球模数转换器芯片市场规模将达到 49 亿美元,行业发展潜力较大。

(4) 5G 为代表的通信领域是 ADC 市场的重要增量市场。5G 基站的构成包含大量 ADC 芯片;与此同时,以 5G 为基础的其他应用产品将进行技术迭代,例如 5G 手机、物联网、人工智能等。根据前瞻产业研究院的预测,伴随着我国积极推动移动通信基站的建设,参考中国联通 5G/4G 密度比,未来我国 5G 宏基站建设总数至少在 800 万台,并且单个 5G 基站的 ADC 芯片使用就高达两位数。5G 基站需要性能在 250Msps ~ 1Gsps、14 ~ 16bit 区间的 ADC 芯片;根据 TI 公司官网的产品列表显示,符合性能条件的 ADC 芯片最低单价约 11 美元,最高可达 65 美元。以保守数据每个 5G 基站需要 10 个 ADC 芯片、每个芯片 11 美元进行计算,5G 基站建设带来至少 8.8 亿美元的增量市场。

根据工信部以及拓璞产业研究院预测,预计 2023 年 5G 将达到建设顶峰,年建设数量达 115.2 万台。此外,结合工信部预测,2021 年和 2022 年中国 5G 基站建设对应的预计 ADC 销售额将在未来的四年内达到峰值,因此发展 5G 相关的 ADC 芯片有望尽快收回成本,创造利润。在新产业市场领域,5G 技术已成为各国通信领域竞争的主要方向之一,而 5G 基站等相关设备是实现 5G 通信连接的核心基础设备。

评价反馈

班级:_____ 姓名:_____ 学号:_____ 成绩:_____

8.1 填空(每题3分,共9分)

(1)D/A 转换器将_____信号转化为_____信号。

　A. 数字;模拟　　　　　　　　B. 模拟;数字

(2)A/D 转换器将_____信号转化为_____信号。

　A. 数字;模拟　　　　　　　　B. 模拟;数字

(3)在 D/A 转换器中通常用_____来描述转换精度。

　A. 分辨率和转换误差　　　　B. 定量速度

8.2 判断(每题5分,共10分)

(1)D/A 转换器的分辨率用输入数字量的位数 n 来表示。　　　　　　　　　　(　)

(2)将量化的结果用代码表示出来,称为编码。这些代码就是 A/D 转换的输出结果。(　)

8.3 在题8.3图给出的 D/A 转换器中,试求:

(1)1LSB 产生的输出电压增量是多少?(5分)

(2)输入为 $d_9 \sim d_0 = 1000000000$ 时的输出电压是多少?(6分)

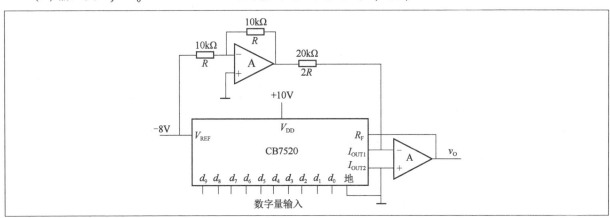

题 8.3 图

项目 8　教学情况反馈单

评价项目	评价内容	评价等级				得分
		优秀	良好	合格	不合格	
教学目标 (10分)	知识与能力目标符合学生实际情况	5	4	3	2	
	重点突出、难点突破	5	4	3	2	
教学内容 (15分)	知识容量适中、深浅有度	5	4	3	2	
	善于创设恰当情境,让学生自主探索	5	4	3	2	
	知识讲授正确,具有科学性和系统性,体现应用与创新知识	5	4	3	2	
教学方法及手段 (20分)	教法灵活,能调动学生的学习积极性和主动性,注重能力培养	10	8	6	4	
	能恰当运用图标、模型或现代技术手段进行辅助教学	10	8	6	4	
教学过程 (30分)	教学环节安排合理,知识衔接自然	10	8	6	4	
	注重知识的发生、发展过程,有学法指导措施,课堂信息反馈及时	10	8	6	4	
	评价意见中肯且有激励作用,帮助学生认识自我、建立信心	10	8	6	4	
教师素质 (10分)	教态自然,语言表述清楚,富有激情和感染力	10	8	6	4	
教学效果 (15分)	课堂气氛活跃,学生积极主动地参与学习全过程,并在学法上有收获	5	4	3	2	
	大多数学生能正确掌握知识,并能运用知识解决简单的实际问题	10	8	6	4	
	总分	100	80	60	40	
老师,我想 对您说						

能力拓展——全国大学生电子设计竞赛试题

试题一　照度稳定可调 LED 台灯【高职高专组】

一、任务

设计并制作一个照度稳定可调的 LED 台灯和一个数字显示照度表。调光台灯由 LED 灯板和照度检测、调节电路构成，如图 1 所示。

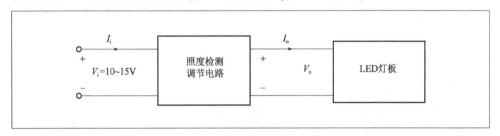

图 1　照度稳定可调的 LED 台灯示意图

二、要求

1. 基本要求

（1）数字显示照度表由电池供电，相对照度数字显示不少于 3 位半，不需照度校准。数字显示照度表检测头置于调光台灯正下方 0.5m 处，调整台灯亮度，最大照度时显示数字大于 1000；遮挡检测头达到最低照度时显示数字小于 100。台灯亮度连续变化时，数显也随之连续变化。亮度稳定时，数显稳定，跳变不大于 10。数字显示照度表和调光台灯间不能有信息交换。

（2）调光台灯输入电压 V_i：直流 10~15V，V_i 变化不影响亮度。

（3）亮度从最亮到完全熄灭连续可调，无频闪（LED 灯板供电电压纹波小于 5%）。

(4)台灯供电电压为12V时,电源效率(LED灯板消耗功率与供电电源输出功率之比)不低于90%。

2. 发挥部分

(1)将台灯调整到最大亮度,在其下方0.5m距离处放置一张A4白纸,要求白纸整个区域内亮度均匀稳定,各点照度差小于5%。台灯的照度检测头可有多个,位于A4纸面以外的任何位置。

(2)用另一调至最大亮度的LED灯板作为测试用环境干扰光源,改变距离实现干扰光强变化。当环境光缓慢变化时,最弱、最强变化时长不小于10s,台灯能自动跟踪环境光的变化调节亮度,保持纸面中心照度变化不大于5%;当环境光突变时,最弱最强变化时长不大于2s,纸面中心照度突变变化不大于10%。当环境光增强直至台灯熄灭,纸面中心照度变化不大于10%。

(3)环境干扰光强变化对纸面照度影响越小越好。

(4)其他。

三、说明

(1)台灯结构不做限制,参赛队自行确定。

(2)供电电源用带输出电压、电流显示的可调稳压电源。

(3)现场测试所用外加干扰光源由参赛队自备。

(4)如果自制数字显示照度表不能使用,可自带成品照度表代替测试,但要扣除基本要求(1)项20分。

四、评分标准

	项目	主要内容	满分
设计报告	方案论证	比较与选择,方案描述	3
	理论分析与计算	控制原理,提高电源效率的方法	6
	电路与程序设计	控制电路与控制程序	6
	测试方案与测试结果	测试结果及其完整性,测试结果分析	3
	设计报告结构及规范性	摘要,设计报告正文的结构,图标的规范性	2
	合计		20
基本要求	完成第(1)项		20
	完成第(2)项		10
	完成第(3)项		10
	完成第(4)项		10
	合计		50
发挥部分	完成第(1)项		5
	完成第(2)项		30
	完成第(3)项		10
	其他		5
	合计		50
总分			120

试题二　周期信号波形识别及参数测量装置【高职高专组】

一、任务

设计一个周期信号的波形识别及参数测量装置,该装置能够识别出给定信号的波形类型,并测量信号的参数。

二、要求

1. 基本要求

(1) 能够识别 $1V \leqslant V_{PP} \leqslant 5V$、$100Hz \leqslant f \leqslant 10kHz$ 范围内的正弦波、三角波和矩形波信号,并显示类型。

(2) 能够测量并显示信号的频率 f,相对误差的绝对值不大于 1%。

(3) 能够测量并显示信号的峰峰值 V_{PP},相对误差的绝对值不大于 1%。

(4) 能够测量并显示矩形波信号的占空比 D,D 的范围为 20%~80%,绝对误差的绝对值不大于 2%。

2. 发挥部分

(1) 扩展识别和测量的范围。能够识别 $50mV \leqslant V_{PP} \leqslant 10V$、$1Hz \leqslant f \leqslant 50kHz$ 范围内的正弦波、三角波和矩形波信号,并显示类型。同时完成与基本部分 (2)、(3) 和 (4) 相同要求的参数测量。

(2) 识别结果和所有测量参数同时显示,反应时间小于 3s。

(3) 增加识别波形的类型不少于 3 种,增加测量参数不少于 3 个。

(4) 其他。

三、说明

被测信号由函数发生器产生。测量精度以函数发生器输出显示为基准,测试时函数发生器自带。反应时间从函数发生器输出信号至装置时开始计时。

四、评分标准

	项目	主要内容	满分
设计报告	方案论证	总体方案设计	4
	理论分析与计算	波形识别和测量性能分析与计算	6
	电路与程序设计	总体电路图,程序设计	4
	测试方案与测试结果	测试数据完整性,测试结果分析	4
	设计报告结构及规范性	摘要,设计报告正文的结构,图表的规范性	2
		合计	20
基本要求	完成第(1)项		21
	完成第(2)项		12
	完成第(3)项		12
	完成第(4)项		5
		合计	50
发挥部分	完成第(1)项		30
	完成第(2)项		9
	完成第(3)项		6
	其他		5
		合计	50
		总分	120

试题三 模拟电磁曲射炮【高职高专组】

一、任务

自行设计并制作一模拟电磁曲射炮（简称电磁炮），炮管水平方位及垂直仰角方向可调节，用电磁力将弹丸射出，击中目标环形靶，发射周期不得超过30s。电磁炮由直流稳压电源供电，电磁炮系统内允许使用容性储能元件。

二、要求

电磁炮与环形靶的位置示意如图1及图2所示。电磁炮放置在定标点处，炮管初始水平方向与中轴线夹角为0°、垂直方向仰角为0°。环形靶水平放置在地面，靶心位置在与定标点距离200cm≤d≤300cm，与中心轴线夹角 $\alpha \leq \pm 30°$ 的范围内。

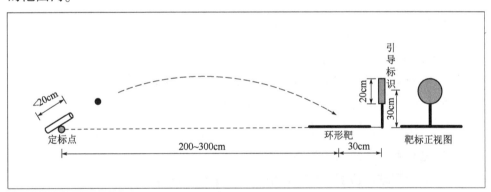

图1 电磁炮与环形靶位置（一）

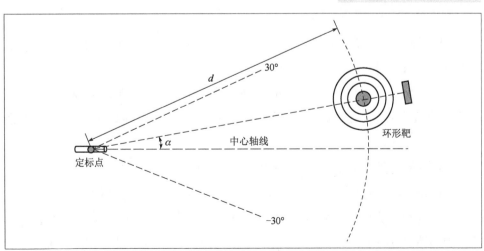

图2 电磁炮与环形靶位置（二）

1. 基本要求

(1) 电磁炮能够将弹丸射出炮口。

(2) 环形靶放置在靶心距离定标点 200~300cm,且在中心轴线上的位置,键盘输入距离 d 值,电磁炮将弹丸发射至该位置,距离偏差的绝对值不大于 50cm。

(3) 环形靶放置在中心轴线上,用键盘给电磁炮输入环形靶中心与定标点的距离 d,一键启动后,电磁炮自动瞄准射击,按击中环形靶环数计分;若脱靶则不计分。

2. 发挥部分

(1) 环形靶位置参见图 2,用键盘给电磁炮输入环形靶中心与定标点的距离 d 及与中心轴线的偏离角度 α,一键启动后,电磁炮自动瞄准射击,按击中环形靶环数计分;若脱靶则不计分。

(2) 在指定范围内任意给出环形靶(有引导标识,参见说明 2)的位置,一键启动后,电磁炮自动搜寻目标并炮击环形靶,按击中环形靶环数计分,完成时间 $\leqslant 50s$。

(3) 其他。

三、说明

1. 电磁炮的要求

(1) 电磁炮炮管长度不超过 20cm,工作时电磁炮架固定置于地面。

(2) 电磁炮口内径在 10~15mm 之间,弹丸形状不限。

(3) 电磁炮炮口指向在水平夹角及垂直仰角两个维度可以电动调节。

(4) 电磁炮可用键盘设置目标参数。

(5) 可检测靶标位置,自动控制电磁炮瞄准与射击。

(6) 电磁炮弹丸射高不得超过 200cm。

2. 测试要求与说明

(1) 环形靶由 10 个直径分别为 5cm、10cm、15cm、…、50cm 的同心圆组成,外径 50cm,靶心直径 5cm,参见图 3。

(2) 环形靶引导标识为直径 20cm 的红色圆形平板,在距靶心 30cm 处与靶平面垂直固定安装,圆心距靶平面高度 30cm。放置时引导标识在距定标点最远的位置,参见图 1。

(3) 弹着点按现场摄像记录判读。

(4) 每个项目可测试 2 次,选择完成质量好的一次记录并评分。

(5) 制作及测试时应戴防护眼镜及安全帽等护具,并做好防护棚(炮口前用布或塑料布搭制有顶且两侧下垂到地面的棚子,靶标后设置防反弹布帘)等安全措施。电磁炮加电状态下严禁现场人员进入炮击区域。

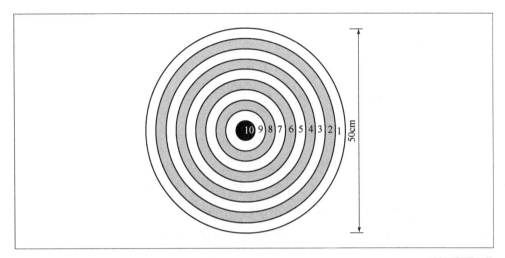

图3 环形靶

四、评分标准

	项目		满分
设计报告	系统方案	技术路线、系统结构、方案论证	3
	理论分析与计算	电磁炮参数计算、弹道分析、能量计算	5
	电路与程序设计	电路设计与参数计算,执行机构控制算法与驱动;电磁炮程序流程及核心模块设计	5
	测试结果	测试方法,测试数据,测试结果分析	4
	设计报告结构及规范性	摘要,设计报告正文的结构,图表的规范性	3
	合计		20
基本要求	完成第(1)项		10
	完成第(2)项		10
	完成第(3)项		30
	合计		50
发挥部分	完成第(1)项		15
	完成第(2)项		25
	完成第(3)项		10
	合计		50
总分			120

参 考 文 献

[1] 李传珊,李中民.电子技术基础与技能(电类专业)(通用)[M].北京:电子工业出版社,2015.
[2] 童诗白,华成英,叶朝辉.模拟电子技术基础[M].5版.北京:高等教育出版社,2015.
[3] 阎石.数字电子技术基础[M].5版.北京:高等教育出版社,2011.
[4] 康华光.电子技术基础模拟部分[M].6版.北京:高等教育出版社,2013.
[5] 黄磊,卞孝丽.电子技术基础与技能[M].北京:电子工业出版社,2021.
[6] 徐超明,李珍.电子技术[M].北京:人民邮电出版社,2021.
[7] 王久和,李春云.电工电子实验教程[M].3版.北京:电子工业出版社,2013.
[8] 王建民.电子技术基础[M].北京:机械工业出版社,2014.
[9] 陈颖峰.数字电子技术[M].北京:中国电力出版社,2016.
[10] 周福平,陈祖新.电子技术基础实践教程[M].北京:中国铁道出版社,2018.